光信息的可逆存储
及其在量子信息中的应用

Reversible Storage of Optical Information and
Its Application in Quantum Information

邱田会　王淑梅◎著

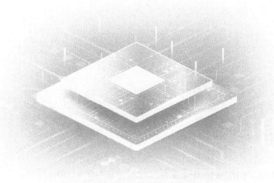

人民邮电出版社

北　京

图书在版编目（ＣＩＰ）数据

光信息的可逆存储及其在量子信息中的应用 / 邱田
会，王淑梅著. -- 北京：人民邮电出版社，2023.11
ISBN 978-7-115-61639-5

Ⅰ．①光… Ⅱ．①邱… ②王… Ⅲ．①光存贮－应用
－量子力学－信息技术－研究 Ⅳ．①O438②O413.1

中国国家版本馆CIP数据核字(2023)第069832号

内 容 提 要

  本书详细阐述了原子介质中基于不同原理的光信息的可逆存储及其在量子信息科学中的重要
应用，包括光信息可逆存储的研究背景、意义和现状，光信息可逆存储的相关物理概念及理论工具，
基于电磁感应透明、拉曼过程和静态光脉冲的光信息存储方案，基于光信息存储与提取的全光分束
器件的设计等内容。实现光信息高效可逆存储的量子存储器不仅是构建量子通信网络和量子计算机
的核心器件，还可以用来验证量子物理基础问题、预报单光子变为确定性单光子、提高量子逻辑门
的成功概率、实现量子计量和磁测量等。本书基于作者的原创性科研成果，以期对量子存储器的发
展与应用有一定的推动作用。

  本书可为从事光信息的可逆存储相关领域研究的人士提供参考。

 ◆ 著　　　　　 邱田会　王淑梅

   责任编辑　王　夏

   责任印制　马振武

 ◆ 人民邮电出版社出版发行　　北京市丰台区成寿寺路 11 号

   邮编　100164　　电子邮件　315@ptpress.com.cn

   网址　https://www.ptpress.com.cn

   北京天宇星印刷厂印刷

 ◆ 开本：700×1000　1/16

   印张：10.25　　　　　　　　　2023 年 11 月第 1 版

   字数：195 千字　　　　　　　 2024 年 9 月北京第 3 次印刷

        定价：99.80 元

读者服务热线：(010)53913866　印装质量热线：(010)81055316
反盗版热线：(010)81055315
广告经营许可证：京东市监广登字 20170147 号

前　言

　　量子力学是人类探究微观世界的重要理论结晶，与相对论共同构成了现代物理学的两大支柱。尽管量子世界还有很多难题需要攻克，但量子力学与各学科的深度交叉融合有力推动了新一轮科技革命和产业变革。量子信息科学就是利用量子力学的基本原理进行信息处理的交叉学科。近年来，以量子计算、量子通信和量子精密测量等为代表的量子信息技术受到极大关注，得到飞速发展，取得丰硕成果。

　　量子信息科学将彻底颠覆经典的信息技术体系。例如，量子计算呈指数级地提高信息处理速度，量子通信可以从物理原理层面确保信息传输安全，量子精密测量可以实现测量精度的再一次飞跃发展。因此，量子信息科学受到全世界前所未有的重视，世界主要科技强国纷纷出台量子信息技术战略计划。

　　量子信息科学的发展绕不开量子存储器。量子存储器，顾名思义，就是按需存储、提取诸如单光子、压缩态、纠缠态等量子态的系统，是实现远程量子通信、量子计算机必不可少的核心器件。在量子通信中，借助量子存储器建立的量子中继器可以解决量子态的保真度随通信距离的增加而呈指数级下降的问题；在量子计算中，借助量子存储器可以寄存和同步各种量子态。另外，量子存储器还可以用来验证量子物理基础问题、预报单光子变为确定性单光子、提高量子逻辑门的成功概率、实现量子计量和磁测量等问题。经过几十年的研究，基于不同物理原理、不同物理体系的多种候选量子存储方案相继被提出，并得到深入研究，已经从最初的原理性演示逐步发展到如今的近乎可实用化。但是，衡量量子存储器的性能指标，如保真度、存储效率、工作波长、按需提取、多模容量、易用性等，仍不能在一个单一的物理系统中得到满足，仍有大量的问题需要解决，还需要科研工作者长期不懈的努力。

　　作者从研究生期间就一直从事光信息可逆存储相关方面的研究工作，致力于提高光存储器的部分性能指标。借鉴前辈们的开创性成就和智慧结晶，作者结合自己十余年埋头钻研、孜孜以求取得的成果，整理、编排成本书。本书主要内容分为6章。第1章为绪论，概述光信息可逆存储的研究背景、意义和现状。第2章介绍光信息可逆存储的相关物理概念及理论工具，主要包括描述量子系统的 3 种绘景、光场与物质相互作用的半经典和全量子理论、电磁感应透明、光的群速度减慢、量子纠缠、光信息存储方法等内容。第 3 章研究基于电磁感应透明效应的光信息存储，涉及单模和多模弱信号光、纠缠光、二维图像等在热运动原子介质中的动力学演化行为。第 4 章讨论基于拉曼过程的频率纠缠和极化–频率纠缠的高效制备。第 5 章探究静态光脉冲形式的光信息存储，涵盖静态光脉冲的优化产生、静态纠缠光子对的相干产生和操控。第 6 章设计若干基于光信息存储与提取的全光分束器，主要包括基于光信息存储的全光强度分束器和全光偏振分束器、二维图像加法器和减法器等。本书可为有志从事光信息存储与提取相关领域研究的人士提供参考与借鉴。

　　近年来，量子信息科学发展如此之快，成果如此之多，鉴于作者所知有限，一定有适宜纳入本书的优秀成果未被收纳，请广大读者查阅相关文献。

　　限于作者的水平和时间，文中错误、疏漏之处在所难免，敬请广大读者不吝指正。

作者

2023 年 3 月于青岛

目　录

第1章
绪论

1.1 研究背景与意义

量子信息科学[1]是以量子力学和信息学为基础研究信息处理的一门新兴学科，包含量子计算[2-3]、量子通信[4-5]和量子精密测量[6]三大分支，为保密通信和高性能计算提供了革命性的解决方案。量子信息科学是在摩尔定律濒于失效、芯片即将达到它以经典方式工作的尺度极限的情况下应运而生的，其充分利用量子力学基本原理和量子的相干特性，探索以全新的方式进行信息的编码、计算和传输的可行性，为突破芯片尺度极限提供新概念、新思路和新途径。

近几十年来，量子信息科学迅猛发展，相关实验技术飞速演进，基于光纤的量子密钥分配已发展为可商用化的水平，我国发射了全球第一颗量子科学实验卫星，基于可信量子中继技术在北京和上海之间建立了量子密钥分配线路，开展了一系列科学研究，取得了一批重大科研成果；谷歌、IBM、英特尔、微软等在内的多家大型跨国公司已在量子计算领域投入巨资，用于量子计算机的研发等。由此可见，量子信息科学是近年来热门的前沿研究领域之一。

量子信息处理的基本单元是量子态，其非常脆弱，很容易受外界环境的影响而被破坏或丢失。例如，光在信道中传输时呈指数级衰减，传输100km后只剩下不到百分之一[7]。然而，量子不可克隆原理告诉我们不能像经典通信系统中的信号放大器那样对量子态进行无噪声放大。解决传输损耗问题的一种可行方案是基于量子存储建立量子中继器[8]，其基本思想是将长距离的量子通信分割成多段短距离量子通信，通过纠缠交换将指数级损耗变为多项式损耗。实现上述过程的核心器件是量子存储器，其是根据需要可以存储和提取非经典量子态的系统。除在远距离量子通信中具有重要应用之外[4-5]，在量子计算中，借助量子存储器可以寄存和同步各种量子态[9-10]。另外，量子存储器还可以用来验证量子物理基础问题[11]、预报单光子变为确定性单光子[12]、提高量子逻辑门的成功概率[3]、实现量子计量学和磁测量[13]等。

光子因传播速度快、易于相干操控等一系列优点已被公认为理想的量子信息载体。原子可弥补单纯操控光子的局限性，是当前量子信息理想的存储介质。光和原子优势互补，是量子信息科学最重要的研究对象。传统的光存储方法会导致光量子态被破坏。要想使光量子信息存储于原子介质中，必须寻找新的有效的存储原理和存储方法。

1.2　研究现状与分析

在过去的几十年中，基于原子系综、稀土离子掺杂晶体等存储介质的量子存储器得到了深入研究，取得了一系列具有开创性的研究成果，各种各样的存储方案被相继提出，包括环形光路形式的光信息存储、自旋激发态形式的光信息存储和静态光脉冲（Stationary Light Pulse，SLP）形式的光信息存储。

环形光路形式的光信息存储是最简单的光信息存储方法。光路存储器一般有环形光纤、高 Q 腔等类型。因光子损耗等原因，光路存储器对光子的存储时间一般被限制在几十微秒，不能连续调节，只能是某一最小时间的整数倍，很难满足按需提取的基本要求[14]。

自旋激发态形式的光信息存储的基本原理是基于光与物质的相互作用实现光信息在光子态和自旋激发态之间的可逆映射，存储协议主要包括电磁感应透明（Electromagnetically Induced Transparency，EIT）[15-17]、DLCZ（Duan-Lukin-Cirac-Zoller）存储方案[18-21]、法拉第相互作用[22-23]、可反转非均匀展宽[24-25]、原子频率梳[26]、大失谐拉曼存储[27-28]、梯形存储[29-30]等。基于上述存储协议，现已实现了对弱光脉冲、单光子、纠缠光子对等的存储与提取。华南师范大学研究组[31]基于冷原子 EIT 协议实现了 65%的单光子存储效率；华东师范大学研究组[32]基于大失谐拉曼存储协议通过最优化控制脉冲技术实现了前所未有的 82.6%的存储效率；中国科学技术大学研究组[33]基于原子频率梳协议在掺铕硅酸钇晶体中实现了对光信号长达 1 h 的存储，存储保真度高达 96.4±2.5%。目前，各存储协议仍然存在各自无法克服的问题，例如，EIT 存储协议不适合用来实现宽带存储，尚不能在室温条件下在量子区域低噪声工作；大失谐拉曼存储协议在原理上不能同时消除荧光噪声和四波混频噪声；梯形存储协议的寿命受制于激发态的寿命，不能实现长寿命存储等，还需要科研工作者不懈努力。

静态光脉冲形式的光信息存储是在正向和反向两束控制光场调控下基于四波混频效应实现对入射待存储光场进行存储和操控的一种全新方案。不同于自旋激发态形式的光信息存储方案，静态光脉冲形式的光信息存储方案保持了光子分量[34-35]，存储时间不再受制于原子的相干寿命，能够为光与物质相互作用提供较长时间，在弱光非线性和量子信息处理领域具有重要的潜在应用。2009 年，Lin 等[36]基于四能级双 Λ 型冷原子系统在双色控制光场控制下通过实验观察到了高效率、高保真度的静态光脉冲。吉林大学研究组于 2010 年指出导致静态光脉冲较强的时间衰减和空间扩散的原因是高阶的自旋相干和光学相干[37]，于 2011 年给出了双通道静态光脉冲的动态制备与调控模型[38]，在固体介质中实现了静态光脉冲的高效制备[39]，并于 2012 年实现了慢光到静态光脉冲的直接转变[40]。

虽然在量子存储器研究方面取得了很大进步，但是目前衡量量子存储器的性能指标，如保真度、存储效率、存储时间、工作波长、多模容量等，仍不能在一个单一的物理系统中同时得到满足，需要科研工作者继续努力。

参考文献

[1] NIELSEN M A, CHUANG I L. Quantum computation and quantum information[M]. Cambridge: Cambridge University Press, 2010.

[2] DEBNATH S, LINKE N M, FIGGATT C, et al. Demonstration of a small programmable quantum computer with atomic qubits[J]. Nature, 2016, 536: 63-66.

[3] LADD T D, JELEZKO F, LAFLAMME R, et al. Quantum computers[J]. Nature, 2010, 464(7285): 45-53.

[4] KIMBLE H J. The quantum Internet[J]. Nature, 2008, 453(7198): 1023-1030.

[5] DUAN L M, LUKIN M D, CIRAC J I, et al. Long-distance quantum communication with atomic

ensembles and linear optics[J]. Nature, 2001, 414(6862): 413-418.

[6] HESHAMI K, ENGLAND D G, HUMPHREYS P C, et al. Quantum memories: emerging applications and recent advances[J]. Journal of Modern Optics, 2016, 63(20): 2005-2028.

[7] SANGOUARD N, SIMON C, DE-RIEDMATTEN H, et al. Quantum repeaters based on atomic ensembles and linear optics[J]. Reviews of Modern Physics, 2011, 83(1): 33-80.

[8] BRIEGEL H J, DÜR W, CIRAC J I, et al. Quantum repeaters: the role of imperfect local operations in quantum communication[J]. Physical Review Letters, 1998, 81(26): 5932-5935.

[9] KNILL E, LAFLAMME R, MILBURN G J. A scheme for efficient quantum computation with linear optics[J]. Nature, 2001, 409(6816): 46-52.

[10] KOK P, MUNRO W J, NEMOTO K, et al. Linear optical quantum computing with photonic qubits[J]. Reviews of Modern Physics, 2007, 79(1): 135-174.

[11] ZHOU Z Q, HUELGA S F, LI C F, et al. Experimental detection of quantum coherent evolution through the violation of Leggett-Garg-type inequalities[J]. Physical Review Letters, 2015: doi.org/10.1103/PhysRevLett.115.113002.

[12] LVOVSKY A I, SANDERS B C, TITTEL W. Optical quantum memory[J]. Nature Photonics, 2009, 3(12): 706-714.

[13] GIOVANNETTI V, LLOYD S, MACCONE L. Advances in quantum metrology[J]. Nature Photonics, 2011, 5(4): 222-229.

[14] KANEDA F, XU F H, CHAPMAN J, et al. Quantum-memory-assisted multi-photon generation for efficient quantum information processing[J]. Optica, 2017, 4(9): 1034-1037.

[15] CHANELIÈRE T, MATSUKEVICH D N, JENKINS S D, et al. Storage and retrieval of single photons transmitted between remote quantum memories[J]. Nature, 2005, 438(7069): 833-836.

[16] EISAMAN M D, ANDRÉ A, MASSOU F, et al. Electromagnetically induced transparency with tunable single-photon pulses[J]. Nature, 2005, 438(7069): 837-841.

[17] ZHANG H, JIN X M, YANG J, et al. Preparation and storage of frequency-uncorrelated entangled photons from cavity-enhanced spontaneous parametric down conversion[J]. Nature Photonics, 2011, 5(10): 628-632.

[18] LAURAT J, CHOI K S, DENG H, et al. Heralded entanglement between atomic ensembles: preparation, decoherence, and scaling[J]. Physical Review Letters, 2007: doi.org/10.1103/PhysRevLett. 99.180504.

[19] KUZMICH A, BOWEN W P, BOOZER A D, et al. Generation of nonclassical photon pairs for scalable quantum communication with atomic ensembles[J]. Nature, 2003, 423(6941): 731-734.

[20] YANG S J, WANG X J, BAO X H, et al. An efficient quantum light–matter interface with sub-second lifetime[J]. Nature Photonics, 2016, 10(6): 381-384.

[21] CHRAPKIEWICZ R, DĄBROWSKI M, WASILEWSKI W. High-capacity angularly multiplexed holographic memory operating at the single-photon level[J]. Physical Review Letters, 2017:

doi.org/10.1103/PhysRevLett.118.063603.

[22] JULSGAARD B, KOZHEKIN A, POLZIK E S. Experimental long-lived entanglement of two macroscopic objects[J]. Nature, 2001, 413(6854): 400-403.

[23] JULSGAARD B, SHERSON J, CIRAC J I, et al. Experimental demonstration of quantum memory for light[J]. Nature, 2004, 432(7016): 482-486.

[24] MOISEEV S A, KRÖLL S. Complete reconstruction of the quantum state of a single-photon wave packet absorbed by a Doppler-broadened transition[J]. Physical Review Letters, 2001: doi.org/10.1103/PhysRevLett.87.173601.

[25] ALEXANDER A L, LONGDELL J J, SELLARS M J, et al. Photon echoes produced by switching electric fields[J]. Physical Review Letters, 2006: doi.org/10.1103/PhysRevLett.96.043602.

[26] AFZELIUS M, SIMON C, DE RIEDMATTEN H, et al. Multimode quantum memory based on atomic frequency combs[J]. Physical Review A, 2009: doi.org/10.1103/PhysRevA.79.052329.

[27] REIM K F, NUNN J, JIN X M, et al. Multipulse addressing of a Raman quantum memory: configurable beam splitting and efficient readout[J]. Physical Review Letters, 2012: doi.org/10.1103/PhysRevLett.108.263602.

[28] DING D S, ZHANG W, ZHOU Z Y, et al. Raman quantum memory of photonic polarized entanglement[J]. Nature Photonics, 2015, 9(5): 332-338.

[29] KACZMAREK K T, LEDINGHAM P M, BRECHT B, et al. High-speed noise-free optical quantum memory[J]. Physical Review A, 2018: doi.org/10.1103/PhysRevA.97.042316.

[30] POEM E, FINKELSTEIN R, MICHEL O, et al. Fast, noise-free memory for photon synchronization at room temperature[C]//Proceedings of 2018 Asia Communications and Photonics Conference (ACP). Piscataway: IEEE Press, 2018: 1-7.

[31] LI J F, WANG Y F, ZHANG S C, et al. High efficiency photonic storage of single photons in cold atoms[J]. arXiv Preprint, arXiv: 1706.01404, 2017.

[32] GUO J, FENG X, YANG P. et al. High-performance Raman quantum memory with optimal control in room temperature atoms[J]. Nature Communication, 2019: doi.org/10.1038/s41467-018-08118-5.

[33] MA Y, MA Y Z, ZHOU Z Q, et al. One-hour coherent optical storage in an atomic frequency comb memory[J]. Nature Communications, 2021: doi.org/10.1038/s41467-021-22706-y.

[34] ANDRÉ A, LUKIN M D. Manipulating light pulses via dynamically controlled photonic band gap[J]. Physical Review Letters, 2002: doi.org/10.1103/PhysRevLett.89.

[35] BAJCSY M, ZIBROV A S, LUKIN M D. Stationary pulses of light in an atomic medium[J]. Nature, 2003, 426(6967): 638-641.

[36] LIN Y W, LIAO W T, PETERS T, et al. Stationary light pulses in cold atomic media and without Bragg gratings[J]. Physical Review Letters, 2009: doi.org/10.1103/PhysRevLett.102.213601.

[37] WU J H, ARTONI M, LA R G C. Decay of stationary light pulses in ultracold atoms[J]. Physical

Review A, 2010: doi.org/10.1103/PhysRevA.81.033822.

[38] BAO Q Q, ZHANG X H, GAO J Y, et al. Coherent generation and dynamic manipulation of double stationary light pulses in a five-level double-tripod system of cold atoms[J]. Physical Review A, 2011: doi.org/10.1103/PhysRevA.84.063812.

[39] ZHANG X J, WANG H H, WANG L, et al. Stationary light pulse in solids with long-lived spin coherence[J]. Physical Review A, 2011: doi.org/10.1103/PhysRevA.83.063804.

[40] ZHANG X J, WANG H H, LIU C Z, et al. Direct conversion of slow light into a stationary light pulse[J]. Physical Review A, 2012: doi.org/10.1103/PhysRevA.86.023821.

第 2 章
光信息可逆存储的相关物理概念及理论工具

本章主要介绍与光信息存储相关的物理概念和理论工具,主要包括描述量子系统的 3 种绘景、光场与物质相互作用的半经典和全量子理论、电磁感应透明、光的群速度减慢、量子纠缠、光信息存储等内容。

2.1 描述量子系统的 3 种绘景

在量子力学中,根据描述系统随时间演化方式的不同,存在以下 3 种不同的绘景:薛定谔绘景、海森伯绘景和相互作用绘景。这 3 种绘景是相互等价的。在处理不同物理问题时,选择合适的绘景可以简化处理问题的难度,更清晰地揭示其物理本质。

2.1.1 薛定谔绘景

在薛定谔绘景中,粒子状态用态函数 $|\varPsi_S(\vec{r},t)\rangle$ 来描述,其中,$\vec{r}$ 表示粒子的空间坐标,t 表示粒子的时间坐标。粒子在 t 时刻处于 $\vec{r}$ 位置处体积元的概率为

$$P = \langle \Psi_S(\vec{r},t) | \Psi_S(\vec{r},t) \rangle d^3\vec{r} \qquad (2.1.1)$$

其中，概率 P 满足归一化条件。

可观测物理量是由与时间无关的厄米算符来表示的，任意厄米算符 A_S 均满足对应的本征值方程，即

$$A_S |\varphi\rangle = \lambda |\varphi\rangle \qquad (2.1.2)$$

其中，$|\varphi\rangle$ 为厄米算符的本征函数，λ 为本征值。

态函数 $|\Psi_S(t)\rangle$ 的时间演化满足薛定谔方程，即

$$i\hbar \frac{\partial}{\partial t} |\Psi_S(t)\rangle = H_S |\Psi_S(t)\rangle \qquad (2.1.3)$$

其中，H_S 是微观粒子的哈密顿量。在薛定谔绘景中，任意给定的微观粒子的哈密顿量 H_S 都是确定的。在 t 时刻，态函数 $|\Psi_S(t)\rangle$ 可由薛定谔方程和初始条件得到，即

$$|\Psi_S(t)\rangle = U(t,t_0) |\Psi_S(t_0)\rangle \qquad (2.1.4)$$

其中，$U(t,t_0)$ 为时间演化算符，由哈密顿量 H_S 决定，满足 $i\hbar \frac{\partial}{\partial t} U(t,t_0) = H_S U(t,t_0)$。

2.1.2 海森伯绘景

在薛定谔绘景下的哈密顿量 H_S 不含时间时，利用时间演化算符 $U(t,0)$ 和 $U^{-1}(t,0)$ 对 $|\Psi_S(t)\rangle$ 和 A_S 进行幺正变换，即

$$|\Psi_H\rangle = U^{-1}(t,0) |\Psi_S(t)\rangle = |\Psi_S(0)\rangle$$
$$A_H(t) = U^{-1}(t,0) A_S U(t,0) \qquad (2.1.5)$$

其中，$|\Psi_H\rangle$ 和 $A_H(t)$ 是海森伯绘景中的态函数和力学量算符。显然，态函数 $|\Psi_H\rangle$ 不随时间演化，力学量算符 $A_H(t)$ 含时间变量。从而可以得到海森伯方程为

$$i\hbar \frac{\partial}{\partial t} A_H(t) = [A_H(t), H_H] \qquad (2.1.6)$$

其中，$H_H = H_S$。式（2.1.6）给出了力学量算符 $A_H(t)$ 随时间演化的规律。

2.1.3　相互作用绘景

在薛定谔绘景下，哈密顿量 H_S 一般可写为

$$H_S = H_S^0 + H_S^1 \tag{2.1.7}$$

其中，H_S^0 为不含时间部分，H_S^1 为微扰部分。在这种情况下，可以建立一新的绘景，即相互作用绘景。

利用幺正算符 $U(t) = \mathrm{e}^{\frac{-\mathrm{i}H_S^0 t}{\hbar}}$ 作用于薛定谔绘景中的态函数 $|\Psi_S(t)\rangle$ 和力学量算符 A_S，可得

$$|\Psi_I(t)\rangle = U^{-1}(t)|\Psi_S(t)\rangle$$
$$A_I(t) = U^{-1}(t)A_S U(t) \tag{2.1.8}$$

显然，相互作用绘景下的态函数 $|\Psi_I(t)\rangle$ 和力学量算符 $A_I(t)$ 都是随时间演化的。其运动学方程满足

$$\mathrm{i}\hbar\frac{\partial}{\partial t}|\Psi_I(t)\rangle = H_I^1(t)|\Psi_I(t)\rangle$$
$$\mathrm{i}\hbar\frac{\partial}{\partial t}A_I(t) = \left[A_I(t), H_I^0\right] \tag{2.1.9}$$

其中，$H_I^0 = H_S^0$，$H_I^1(t) = U^{-1}(t)H_S^1(t)U(t)$。可以看出，相互作用绘景就是未受微扰的海森伯绘景。

2.2　光场与物质相互作用

基于光场与物质相互作用实现光信息存储的理论框架主要有两种：半经典理论和全量子理论。在半经典理论中，光场用麦克斯韦方程描述，原子或分子用量子力学的薛定谔方程描述；在全量子理论中，光场和原子或分子均被量子化。

在薛定谔绘景中的半经典理论中，碱金属原子中的价电子与外电场相互作用时的哈密顿量为

$$H = \frac{1}{2m}\left[\vec{p} - e\vec{A}(\vec{r},t)\right]^2 + eU(\vec{r},t) + V(r) \tag{2.2.1}$$

其中，m 和 e 分别是电子的质量和电荷，$\vec{p}$ 是动量算符（$\vec{p}=-\mathrm{i}\hbar\nabla$），$\vec{A}(\vec{r},t)$ 和 $U(\vec{r},t)$ 分别是外电场的矢势和标势，$V(r)$ 是原子束缚引起的电子静电势能。

电子的态函数 $\Psi(\vec{r},t)$ 满足薛定谔方程，即

$$\mathrm{i}\hbar\frac{\partial\Psi(\vec{r},t)}{\partial t}=H\Psi(\vec{r},t) \tag{2.2.2}$$

考虑到电子被束缚在原子核中心 $\vec{r}_0$ 附近，电子所处的位置 $\vec{r}$ 的大小是典型的原子尺度（约几埃），在光波范围内 $\vec{k}\cdot\vec{r}\ll1$。此时，可近似认为原子处在一个振幅不变的电磁场中，即满足电偶极近似，且 $\vec{A}(\vec{r},t)\approx\vec{A}(\vec{r}_0,t)$。薛定谔方程变为

$$\mathrm{i}\hbar\frac{\partial\Psi(\vec{r},t)}{\partial t}=\left\{-\frac{\hbar^2}{2m}\left[\nabla-\frac{\mathrm{i}e}{\hbar}\vec{A}(\vec{r}_0,t)\right]^2+V(r)\right\}\Psi(\vec{r},t) \tag{2.2.3}$$

定义 $\phi(\vec{r},t)=\Psi(\vec{r},t)\exp\left[\dfrac{-\mathrm{i}e\vec{A}(\vec{r},t)\cdot\vec{r}}{\hbar}\right]$，可得

$$\mathrm{i}\hbar\frac{\partial\phi(\vec{r},t)}{\partial t}=(H_0+H_{\mathrm{I}})\Psi(\vec{r},t) \tag{2.2.4}$$

其中，$H_0=\dfrac{p^2}{2m}+V(r)$ 是无电场时电子在原子核势场中的哈密顿量，$H_{\mathrm{I}}=-e\vec{r}\cdot\vec{E}(t)$ 是电偶极近似下电子与外电场的相互作用哈密顿量，其中 $\vec{E}(t)=-\dfrac{\partial\vec{A}}{\partial t}$。

下面，分别讨论光场与物质相互作用的半经典理论和全量子理论。

2.2.1　光场与物质相互作用的半经典理论

1. 经典光场在介质中的传播

在无源介质中，经典光场满足麦克斯韦方程组，即

$$\nabla\times\vec{E}=-\frac{\partial\vec{B}}{\partial t}$$
$$\nabla\times\vec{H}=-\frac{\partial\vec{D}}{\partial t}$$
$$\nabla\cdot\vec{D}=0$$
$$\nabla\cdot\vec{B}=0 \tag{2.2.5}$$

其中，$\vec{D}=\varepsilon_0\vec{E}+\vec{P}$，$\vec{B}=\mu_0\vec{H}$；×表示叉乘，·表示点乘。在各向同性介质中，通过式（2.2.5）可以得到光场满足的方程为

$$\nabla^2\vec{E}-\frac{1}{c^2}\frac{\partial^2\vec{E}}{\partial t^2}=\mu_0\frac{\partial^2\vec{P}}{\partial t^2} \tag{2.2.6}$$

其中，c为真空中的光速，$c=\dfrac{1}{\sqrt{\varepsilon_0\mu_0}}$。

在一维单频平面波情况下，将$\vec{E}$和$\vec{P}$的快变部分分离，可得

$$\vec{E}(z,t)=\frac{1}{2}\left[\vec{E}_0(z,t)\mathrm{e}^{\mathrm{i}kz-\mathrm{i}\omega t}+\mathrm{c.c.}\right]$$
$$\vec{P}(z,t)=\frac{1}{2}\left[\vec{P}_0(z,t)\mathrm{e}^{\mathrm{i}kz-\mathrm{i}\omega t}+\mathrm{c.c.}\right] \tag{2.2.7}$$

其中，k和ω分别为平面波的波矢和频率（$\omega=kc$），$\vec{E}_0(z,t)$和$\vec{P}_0(z,t)$分别为时间和位置的慢变函数，c.c.为共轭复数。考虑以下近似条件：$\dfrac{\partial^2\vec{E}_0}{\partial z^2}\ll 2\mathrm{i}k\dfrac{\partial\vec{E}_0}{\partial z}$，

$\dfrac{\partial^2\vec{E}_0}{\partial z^2}\ll-2\mathrm{i}\omega\dfrac{\partial\vec{E}_0}{\partial z}$，$\dfrac{\partial^2\vec{P}_0}{\partial t^2}\ll-2\mathrm{i}\omega\dfrac{\partial\vec{P}_0}{\partial t}$，$\dfrac{\partial\vec{P}_0}{\partial t}\ll-\mathrm{i}\omega\vec{P}_0$，可得

$$\frac{\partial\vec{E}_0}{\partial z}+\frac{1}{c}\frac{\partial\vec{E}_0}{\partial t}=\frac{\mathrm{i}\omega}{2\varepsilon_0 c}\vec{P}_0 \tag{2.2.8}$$

2. 经典光场与原子相互作用的描述方法

接下来，通过概率幅法和密度矩阵法分别讨论沿x轴方向极化的单模电磁场（$E(t)=E_0\cos(\omega t)$）与两能级（$|a\rangle$和$|b\rangle$）原子的相互作用。

（1）概率幅法

假设原子的激发态和基态分别表示为$|a\rangle$和$|b\rangle$，此两能级原子的波函数可表示为

$$|\Psi(t)\rangle=C_a(t)|a\rangle+C_b(t)|b\rangle \tag{2.2.9}$$

其中，$C_a(t)$和$C_b(t)$分别表示原子处于能级$|a\rangle$和$|b\rangle$上的概率幅。式（2.2.9）满足薛定谔方程，即

$$\mathrm{i}\hbar\frac{\partial\Psi(\vec{r},t)}{\partial t}=(H_0+H_\mathrm{I})\Psi(\vec{r},t) \tag{2.2.10}$$

其中，$H_0 = \hbar\omega_a |a\rangle\langle a| + \hbar\omega_b |b\rangle\langle b|$ 和 $H_I = -(\wp_{ab}|a\rangle\langle b| + \wp_{ba}|b\rangle\langle a|)E(t)$ 分别表示哈密顿量的无微扰部分和相互作用部分，$\hbar\omega_a$ 和 $\hbar\omega_b$ 分别是 H_0 作用于 $|a\rangle$ 和 $|b\rangle$ 的本征值，$\wp_{ab} = \wp_{ba}^* = e\langle a|x|b\rangle$ 是电偶极矩的矩阵元。

将式（2.2.9）代入式（2.2.10），可以得到概率幅 $C_a(t)$ 和 $C_b(t)$ 满足的运动方程为

$$
\begin{aligned}
\dot{C}_a &= -\mathrm{i}\omega_a C_a + \mathrm{i}\Omega\mathrm{e}^{\mathrm{i}\theta}\cos(\omega t)C_b \\
\dot{C}_b &= -\mathrm{i}\omega_b C_b + \mathrm{i}\Omega\mathrm{e}^{\mathrm{i}\theta}\cos(\omega t)C_a
\end{aligned}
\tag{2.2.11}
$$

其中，$\Omega = \dfrac{|\wp_{ab}|E_0}{\hbar}$ 和 θ（$\wp_{ab} = |\wp_{ab}|\mathrm{e}^{\mathrm{i}\theta}$）分别为电磁场的拉比频率和电偶极矩的矩阵元的相位。

为了求解出 $C_a(t)$ 和 $C_b(t)$，定义慢变振幅为

$$
\begin{aligned}
c_a &= C_a\mathrm{e}^{\mathrm{i}\omega_a t} \\
c_b &= C_b\mathrm{e}^{\mathrm{i}\omega_b t}
\end{aligned}
\tag{2.2.12}
$$

从而可以求出

$$
\begin{aligned}
c_a(t) &= \left(a_1\mathrm{e}^{\frac{\mathrm{i}\Omega_\mathrm{T}t}{2}} + a_2\mathrm{e}^{\frac{\mathrm{i}\Omega_\mathrm{T}t}{2}}\right)\mathrm{e}^{\frac{\mathrm{i}\Delta t}{2}} \\
c_b(t) &= \left(b_1\mathrm{e}^{\frac{\mathrm{i}\Omega_\mathrm{T}t}{2}} + b_2\mathrm{e}^{\frac{\mathrm{i}\Omega_\mathrm{T}t}{2}}\right)\mathrm{e}^{\frac{\mathrm{i}\Delta t}{2}}
\end{aligned}
\tag{2.2.13}
$$

其中，$\Delta = \omega_a - \omega_b - \omega$，$\Omega_\mathrm{T} = \sqrt{\Omega^2 + \Delta^2}$，$a_1$、$a_2$、$b_1$ 和 b_2 是由初始条件决定的积分常数，分别为

$$
a_1 = \frac{1}{2\Omega_\mathrm{T}}\left[(\Omega_\mathrm{T} - \Delta)c_a(0) + \Omega\mathrm{e}^{-\mathrm{i}\theta}c_b(0)\right]
$$

$$
a_2 = \frac{1}{2\Omega_\mathrm{T}}\left[(\Omega_\mathrm{T} + \Delta)c_a(0) - \Omega\mathrm{e}^{-\mathrm{i}\theta}c_b(0)\right]
$$

$$
b_1 = \frac{1}{2\Omega_\mathrm{T}}\left[(\Omega_\mathrm{T} + \Delta)c_b(0) + \Omega\mathrm{e}^{\mathrm{i}\theta}c_a(0)\right]
$$

$$
b_2 = \frac{1}{2\Omega_\mathrm{T}}\left[(\Omega_\mathrm{T} - \Delta)c_b(0) - \Omega\mathrm{e}^{\mathrm{i}\theta}c_a(0)\right]
\tag{2.2.14}
$$

显然，$|c_a(t)|^2 + |c_b(t)|^2 = 1$，即原子处于能级 $|a\rangle$ 和能级 $|b\rangle$ 上的总概率是守

恒的。

（2）密度矩阵法

对于一个确定的物理系统，态函数 $|\Psi\rangle$ 包含系统的所有信息。要想知道某个力学量的信息，需要计算相应力学量算符 O 的期望值，即

$$\langle O \rangle_{\mathrm{QM}} = \langle \Psi | O | \Psi \rangle \tag{2.2.15}$$

在有些情况下，如果不知道态函数 $|\Psi\rangle$，只知道系统处于态 $|\Psi\rangle$ 的概率 P_i。此时，不仅要计算量子力学平均值，而且要求系综平均值，即

$$\left\langle \langle O \rangle_{\mathrm{QM}} \right\rangle_{\mathrm{ensemble}} = \mathrm{Tr}(O\rho) \tag{2.2.16}$$

其中，ρ 是密度矩阵，定义为

$$\rho = \sum P_i |\Psi\rangle\langle\Psi| \tag{2.2.17}$$

通过对式（2.2.17）求导，并代入薛定谔方程，可以得到密度矩阵满足的主方程为

$$i\hbar \frac{\partial \rho}{\partial t} = [H, \rho] \tag{2.2.18}$$

需要说明的是，式（2.2.18）并不包含由自发辐射、碰撞等现象引起的衰变。通过在式（2.2.18）中引入唯象耗散矩阵 $\boldsymbol{\Gamma}$，可以很好地描述系统的耗散和衰变过程。此时，密度矩阵满足的主方程形式为

$$\frac{\partial \rho}{\partial t} = -\frac{i}{\hbar}[H, \rho] - \frac{1}{2}\{\boldsymbol{\Gamma}, \rho\} \tag{2.2.19}$$

其中，$\{\boldsymbol{\Gamma}, \rho\} = \boldsymbol{\Gamma}\rho + \rho\boldsymbol{\Gamma}$。密度矩阵元 ρ_{ij} 可以写为

$$\frac{\partial \rho_{ij}}{\partial t} = -\frac{i}{\hbar}\sum_k (H_{ik}\rho_{kj} - \rho_{ik}H_{kj}) - \frac{1}{2}\sum_k (\Gamma_{ik}\rho_{kj} + \rho_{ik}\Gamma_{kj}) \tag{2.2.20}$$

现在，通过密度矩阵法再次求解单模电磁场与二能级原子的相互作用。假设系统的波函数为 $|\Psi(t)\rangle = C_a(t)|a\rangle + C_b(t)|b\rangle$，密度矩阵 ρ 可以写为

$$\rho = |\Psi\rangle\langle\Psi| = |C_a|^2|a\rangle\langle a| + C_a C_b^*|a\rangle\langle b| + C_a^* C_b|b\rangle\langle a| + |C_b|^2|b\rangle\langle b| \tag{2.2.21}$$

从而可以得到密度矩阵的形式为

$$\boldsymbol{\rho} = \begin{pmatrix} \rho_{aa} & \rho_{ab} \\ \rho_{ba} & \rho_{bb} \end{pmatrix} \qquad (2.2.22)$$

其中，4 个密度矩阵元的形式分别为

$$\rho_{aa} = \langle a | \boldsymbol{\rho} | a \rangle = |C_a(t)|^2$$

$$\rho_{ab} = \langle a | \boldsymbol{\rho} | b \rangle = C_a(t)C_b^*(t)$$

$$\rho_{ba} = \langle b | \boldsymbol{\rho} | a \rangle = C_a^*(t)C_b(t)$$

$$\rho_{bb} = \langle b | \boldsymbol{\rho} | b \rangle = |C_b(t)|^2 \qquad (2.2.23)$$

显然，ρ_{aa} 和 ρ_{bb} 表示原子处于能级 $|a\rangle$ 和 $|b\rangle$ 的概率，非对角密度矩阵元决定原子的极化。

将系统哈密顿量代入密度矩阵的主方程，可得

$$\frac{\partial \rho_{aa}}{\partial t} = -\gamma_a \rho_{aa} + \mathrm{i}[\Omega \rho_{ba} - \mathrm{c.c.}]$$

$$\frac{\partial \rho_{bb}}{\partial t} = -\gamma_b \rho_{bb} - \mathrm{i}[\Omega \rho_{ba} - \mathrm{c.c.}]$$

$$\frac{\partial \rho_{ab}}{\partial t} = -[\mathrm{i}(\omega_a - \omega_b) + \gamma_{ab}]\rho_{ab} - \mathrm{i}\Omega(\rho_{aa} - \rho_{bb}) \qquad (2.2.24)$$

其中，$\gamma_{ab} = \dfrac{\gamma_a + \gamma_b}{2}$，$\gamma_a$ 和 γ_b 由耗散矩阵 $\boldsymbol{\Gamma}$ 决定。

2.2.2 光场与物质相互作用的全量子理论

在电偶极近似下，单电子原子与光场的相互作用哈密顿量为

$$H = H_{\mathrm{A}} + H_{\mathrm{F}} - e\vec{r} \cdot \vec{E} \qquad (2.2.25)$$

其中，H_{A} 和 H_{F} 分别是单电子原子和光场无相互作用时的能量，$\vec{r}$ 是电子的位置矢量。

假设 $\{|i\rangle\}$ 代表一组完备的原子能量本征态，即 $\sum_i |i\rangle\langle i| = 1$，$H_{\mathrm{A}}|i\rangle = E_i|i\rangle$，光场被量子化后，式（2.2.25）各部分可以写为

$$H_A = \sum_i E_i |i\rangle\langle i| = \sum_i E_i \sigma_{ii}$$

$$H_F = \sum_k \hbar\omega_k \left(a_k^\dagger a_k + \frac{1}{2} \right)$$

$$e\vec{r} = \sum_{i,j} |i\rangle\langle i| e\vec{r} |j\rangle\langle j| = \sum_{i,j} \wp_{ij} \sigma_{ij}$$

$$\vec{E} = \sum_k \hat{\varepsilon}_k \text{£}_k (a_k + a_k^+) \tag{2.2.26}$$

其中，$a_k^\dagger$ 和 a_k 分别表示光子的产生和湮灭算符，$\sigma_{ij} = |i\rangle\langle j|$ 表示原子跃迁算符，$\wp_{ij} = \langle i | e\vec{r} | j \rangle$ 是电偶极矩阵元，$\text{£}_k = \frac{\hbar\omega_k^{\frac{1}{2}}}{2\varepsilon_0 V}$。从而可以得到全量子哈密顿量为

$$H = \sum_k \hbar\omega_k a_k^\dagger a_k + \sum_i E_i \sigma_{ii} + \hbar \sum_{i,j} \sum_k g_k^{ij} \sigma_{ij}(a_k + a_k^+) \tag{2.2.27}$$

其中，$g_k^{ij} = -\dfrac{\wp_{ij}\hat{\varepsilon}_k \text{£}_k}{\hbar}$。

下面，基于光场与物质相互作用的全量子理论讨论光场与二能级原子相互作用这一特殊模型。假设 $g_k = g_k^{ab} = g_k^{ba}$，系统哈密顿量可以写为

$$H = \sum_k \hbar\omega_k a_k^\dagger a_k + \left(E_a \sigma_{aa} + E_b \sigma_{bb} \right) + \hbar \sum_k g_k (\sigma_{ab} + \sigma_{ba})(a_k + a_k^+) \tag{2.2.28}$$

定义 $\hbar\omega_{ab} = E_a - E_b$，$\sigma_z = \sigma_{aa} - \sigma_{bb}$，$\sigma_+ = \sigma_{ab}$，$\sigma_- = \sigma_{ba}$，并忽略常数能量因子 $\dfrac{E_a + E_b}{2}$，式（2.2.28）可以写为

$$H = \sum_k \hbar\omega_k a_k^\dagger a_k + \frac{1}{2}\hbar\omega_{ab}\sigma_z + \hbar \sum_k g_k (\sigma_+ + \sigma_-)(a_k + a_k^+) \tag{2.2.29}$$

在哈密顿量式（2.2.29）中，相互作用部分 $(\sigma_+ + \sigma_-)(a_k + a_k^+)$ 由四项组成。其中，$a_k^\dagger\sigma_-$ 表示原子由能级 $|a\rangle$ 跃迁到能级 $|b\rangle$ 同时产生一个 $\vec{k}$ 模式的光子，$a_k\sigma_+$ 表示原子由能级 $|b\rangle$ 跃迁到能级 $|a\rangle$ 同时湮灭一个 $\vec{k}$ 模式的光子，两个过程满足能量守恒；$a_k^\dagger\sigma_+$ 表示原子由能级 $|b\rangle$ 跃迁到能级 $|a\rangle$ 同时产生一个 $\vec{k}$ 模式的光子，$a_k\sigma_-$ 表示原子由能级 $|a\rangle$ 跃迁到能级 $|b\rangle$ 同时湮灭一个 $\vec{k}$ 模式的光子，两个过程不满足能量守恒，此两项需略去。从而可得

$$H = \sum_k \hbar\omega_k a_k^\dagger a_k + \frac{1}{2}\hbar\omega_{ab}\sigma_z + \hbar \sum_k g_k (\sigma_+ a_k + \sigma_- a_k^\dagger) \tag{2.2.30}$$

在电偶极近似和旋波近似下，频率为 ω 的单模量子光场和两能级原子相互作用的哈密顿量可表示为

$$H = H_0 + H_1$$

$$H_0 = \hbar\omega a^\dagger a + \frac{1}{2}\hbar\omega_{ab}\sigma_z$$

$$H_1 = \hbar g(a\sigma_+ + a^+\sigma_-) \qquad (2.2.31)$$

在相互作用绘景下，哈密顿量可表示为

$$H_I = \mathrm{e}^{\frac{\mathrm{i}H_0 t}{\hbar}} H_1 \mathrm{e}^{\frac{-\mathrm{i}H_0 t}{\hbar}} = \hbar g(\sigma_+ a\mathrm{e}^{\mathrm{i}\Delta t} + \sigma_- a^\dagger \mathrm{e}^{-\mathrm{i}\Delta t}) \qquad (2.2.32)$$

其中，$\Delta = \omega_{ab} - \omega$ 表示单模光场相对于原子跃迁频率的失谐。

下面，通过概率幅法、海森伯算符法和酉时间演化算符法分别求解此相互作用系统。

1. 概率幅法

任意时刻，系统所处的态函数可表示为

$$|\Psi(t)\rangle = \sum_n \left[c_{a,n}(t)|a,n\rangle + c_{b,n}(t)|b,n\rangle \right] \qquad (2.2.33)$$

其中，$|a,n\rangle$（$|b,n\rangle$）表示原子处于能级 $|a\rangle$（$|b\rangle$），光场有 n 个光子的状态。式（2.2.33）遵从薛定谔方程。

由于能量守恒，哈密顿量式（2.2.32）只会导致系统在 $|a,n\rangle$ 和 $|b,n+1\rangle$ 之间跃迁。可以很容易得到概率幅 $c_{a,n}(t)$ 和 $c_{b,n+1}(t)$ 满足如下关系式

$$\frac{\partial c_{a,n}}{\partial t} = -\mathrm{i}g\sqrt{n+1}\mathrm{e}^{\mathrm{i}\Delta t}c_{b,n+1}$$

$$\frac{\partial c_{b,n+1}}{\partial t} = -\mathrm{i}g\sqrt{n+1}\mathrm{e}^{\mathrm{i}\Delta t}c_{a,n} \qquad (2.2.34)$$

式（2.2.34）的一般解为

$$c_{a,n}(t) = \left\{ c_{a,n}(0)\left[\cos\left(\frac{\Omega_n t}{2}\right) - \frac{\mathrm{i}\Delta}{\Omega_n}\sin\left(\frac{\Omega_n t}{2}\right)\right] - \frac{2\mathrm{i}g\sqrt{n+1}}{\Omega_n}c_{b,n+1}(0)\sin\left(\frac{\Omega_n t}{2}\right) \right\}\mathrm{e}^{\frac{\mathrm{i}\Delta t}{2}}$$

$$c_{b,n+1}(t) = \left\{ c_{b,n+1}(0)\left[\cos\left(\frac{\Omega_n t}{2}\right) + \frac{\mathrm{i}\Delta}{\Omega_n}\sin\left(\frac{\Omega_n t}{2}\right)\right] - \frac{2\mathrm{i}g\sqrt{n+1}}{\Omega_n}c_{a,n}(0)\sin\left(\frac{\Omega_n t}{2}\right) \right\}\mathrm{e}^{\frac{-\mathrm{i}\Delta t}{2}}$$

$$(2.2.35)$$

2. 海森伯算符法

在海森伯绘景中，算符 a、σ_- 和 σ_z 满足

$$\frac{\partial a}{\partial t} = -\frac{\mathrm{i}}{\hbar}[a, H] = -\mathrm{i}(\omega a + g\sigma_-)$$

$$\frac{\partial \sigma_-}{\partial t} = -\mathrm{i}(\omega_{ab}\sigma_- - g\sigma_z a)$$

$$\frac{\partial \sigma_z}{\partial t} = 2\mathrm{i}g(a^+\sigma_- - a\sigma_+) \tag{2.2.36}$$

通过对 σ_- 的运动方程进行求导，可得

$$\begin{aligned}
\ddot{\sigma}_- &= -\mathrm{i}\omega_{ab}\dot{\sigma}_- + \mathrm{i}g(\dot{\sigma}_z a + \sigma_z \dot{a}) \\
&= -\mathrm{i}\omega_{ab}\dot{\sigma}_- - 2g^2(a^+\sigma_- a - \sigma_+ a^2) + \omega g\sigma_z a - g^2\sigma_-
\end{aligned} \tag{2.2.37}$$

定义与哈密顿量 H 对易的两个量 N 和 C 分别为

$$N = a^\dagger a + \sigma_+ \sigma_-$$

$$C = \frac{1}{2}\Delta\sigma_z + g(a^\dagger\sigma_- + a\sigma_+) \tag{2.2.38}$$

容易证明

$$g\sigma_z a = -\mathrm{i}\dot{\sigma}_- + \omega_{ab}\sigma_-$$

$$g^2(a^\dagger\sigma_- a - \sigma_+ a^2) = -\mathrm{i}\left(\frac{\Delta}{2} + C\right)\dot{\sigma}_- + \left(\omega C - \frac{1}{2}\Delta^2 + \frac{1}{2}\omega_{ab}\Delta\right)\sigma_- \tag{2.2.39}$$

从而可得

$$\ddot{\sigma}_- + 2\mathrm{i}(\omega - C)\dot{\sigma}_- + (2\omega C - \omega^2 + g^2)\sigma_- = 0 \tag{2.2.40}$$

同理可得

$$\ddot{a} + 2\mathrm{i}(\omega - C)\dot{a} + (2\omega C - \omega^2 + g^2)a = 0 \tag{2.2.41}$$

从而可得 $\sigma_-(t)$ 和 $a(t)$ 的解为

$$\begin{aligned}
\sigma_-(t) &= \left[\sigma_+(t)\right]^\dagger \\
&= \mathrm{e}^{-\mathrm{i}\omega t}\mathrm{e}^{\mathrm{i}Ct}\left[\left(\cos(\kappa t) + \mathrm{i}C\frac{\sin(\kappa t)}{\kappa}\right)\sigma_-(0) - \mathrm{i}g\frac{\sin(\kappa t)}{\kappa}a(0)\right]
\end{aligned}$$

$$a(t) = \mathrm{e}^{-\mathrm{i}\omega t}\mathrm{e}^{\mathrm{i}Ct}\left[\left(\cos(\kappa t) - \mathrm{i}C\frac{\sin(\kappa t)}{\kappa}\right)a(0) - \mathrm{i}g\frac{\sin(\kappa t)}{\kappa}\sigma_-(0)\right] \tag{2.2.42}$$

其中，$\kappa = \left[\dfrac{\Delta^2}{4} + g^2(N+1)\right]^{\frac{1}{2}}$。

3．酉时间演化算符法

对于单模量子光场和两能级原子相互作用的问题，酉时间演化算符的形式为

$$U(t) = \exp\left(\frac{-\mathrm{i}H_1 t}{\hbar}\right) \tag{2.2.43}$$

结合方程 $(a^\dagger\sigma_- + a\sigma_+)^{2l} = (aa^\dagger)^l |a\rangle\langle a| + (a^\dagger a)^l |b\rangle\langle b|$ 和 $(a^\dagger\sigma_- + a\sigma_+)^{2l+1} = (aa^\dagger)^l a|a\rangle\langle b| + a^\dagger(aa^\dagger)^l |b\rangle\langle a|$，在共振处（$\Delta = 0$），可得

$$U(t) = \cos\left(gt\sqrt{a^\dagger a + 1}\right)|a\rangle\langle a| + \cos\left(gt\sqrt{a^\dagger a}\right)|b\rangle\langle b|$$
$$-\mathrm{i}\frac{\sin\left(gt\sqrt{a^\dagger a + 1}\right)}{\sqrt{a^\dagger a + 1}} a|a\rangle\langle b| - \mathrm{i}a^\dagger \frac{\sin\left(gt\sqrt{a^\dagger a + 1}\right)}{\sqrt{a^\dagger a + 1}}|b\rangle\langle a| \tag{2.2.44}$$

根据初始时刻的波函数，可以得到任意时刻 t 的波函数，其表达式为

$$|\Psi(t)\rangle = U(t)|\Psi(0)\rangle \tag{2.2.45}$$

2.3 电磁感应透明

电磁感应透明（Electromagnetically Induced Transparency，EIT）是 Kocharovskaya 和 Khanin[1]于 1989 年提出来的，是量子力学中一种非常重要的原子相干效应。它是由于弱探测光和强控制光分别作用于组成介质的三能级原子系统的两个跃迁，导致原子由基态到激发态的吸收相干相消，从而使弱探测光可以无吸收地透过介质。EIT 的重要性主要表现为介质的透明窗口内伴随高折射率，从而可以在对光不吸收的情况下，对光进行可控操控。EIT 效应的发现极大地推动了对光和介质进行有效调控的研究。

EIT 效应的发现吸引了大批科学家的目光。1989 年，美国斯坦福大学的 Harris 小组[2]和之后的 Scully 小组[3]也分别提出了类似的概念。Boller 小组[4]于 1991 年首先在锶原子蒸气中观察到了这一现象。1995 年，美国 Xiao 等[5]又在铷原子蒸气中

实现了阶梯型原子结构的 EIT 现象。由于 EIT 效应所具有的独特性质，人们对它的了解越深入，发现它的应用领域越广泛。在随后的几十年中，实现 EIT 效应的介质由原子蒸气扩展到了固体介质[6-7]，实现 EIT 效应的原子能级系统也由三能级原子系统扩展到多能级原子系统[8-9]。

　　研究 EIT 效应的最简单的原子模型为 Λ 型、V 型以及阶梯型原子能级系统。接下来，以 Λ 型三能级原子系统为例来说明 EIT 效应的原理。如图 2.1 所示，当两束频率为 ω_p 和 ω_c（拉比频率为 Ω_p 和 Ω_c）的单色探测光场和控制光场分别与原子跃迁 $|a\rangle \leftrightarrow |b\rangle$ 和 $|a\rangle \leftrightarrow |c\rangle$ 共振或近共振耦合时，原子跃迁就会产生量子干涉相消，使原子处于基态的相干叠加态上。此态的叠加系数由两束光场的拉比频率（Ω_p 和 Ω_c）决定，其表达式为

$$|\Psi_{\mathrm{NC}}\rangle = \frac{\Omega_c |b\rangle - \Omega_p |c\rangle}{\sqrt{\Omega_p^2 + \Omega_c^2}} \qquad (2.3.1)$$

式（2.3.1）被称为暗态，是系统相互作用哈密顿量的本征态[10]。由于暗态不包括激发态 $|a\rangle$，由激发态向基态的自发辐射可以忽略，从而保证了介质对探测光的无吸收色散。而在不存在强控制光场的情况下，探测光会被强烈吸收而不能透过该介质。需要说明的是，控制光场要远强于探测光场是为了保证介质对探测光场的调控完全由控制光场来决定，以便在实际应用中对探测光场进行操控。

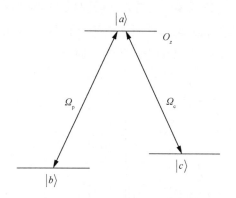

图 2.1　Λ 型三能级原子系统

　　原子介质的极化率的实部和虚部分别决定了介质对弱探测光场的色散和吸收特性。在 Λ 型三能级原子系统中，原子介质的极化率 χ 的表达式为

$$\chi = \chi' + i\chi''$$

$$\chi' = \frac{N_a \left|\wp_{ab}\right|^2}{\hbar\varepsilon_0} \frac{\Delta\left(\Delta^2 - \dfrac{\Omega_c^2}{4}\right)}{\left(\Delta^2 - \dfrac{\Omega_c^2}{4}\right)^2 + \Delta^2\gamma_1^2}$$

$$\chi'' = \frac{N_a \left|\wp_{ab}\right|^2}{\hbar\varepsilon_0} \frac{\Delta^2\gamma_1}{\left(\Delta^2 - \dfrac{\Omega_c^2}{4}\right)^2 + \Delta^2\gamma_1^2} \tag{2.3.2}$$

其中，χ' 和 χ'' 分别是极化率的实部和虚部。N_a 是介质中的原子密度，γ_1 是激发态 $|a\rangle$ 到基态 $|b\rangle$ 的衰变率，Δ 是探测光场与对应的原子跃迁 $|a\rangle \leftrightarrow |b\rangle$ 的频率失谐，定义为 $\Delta = \omega_{ab} - \omega_p$。另外，为了得到式（2.3.2），忽略了基态 $|c\rangle$ 和 $|b\rangle$ 间的衰变率，并假设强控制光场与原子跃迁 $|a\rangle \leftrightarrow |c\rangle$ 共振耦合，即 $\omega_{ac} = \omega_c$。

　　原子介质极化率随失谐 Δ/γ_1 的变化曲线如图 2.2 所示，横纵坐标数据均做无量纲化处理。当关闭强控制光场时（图 2.2（a）），可以发现在共振处（$\Delta = 0$），探测光场被介质强烈吸收。而当开启强控制光场时（图 2.2（b）），在共振点附近强吸收消失了，吸收几乎为零。换句话说，在共振频率附近，在强控制光场的作用下，原本由于被吸收而不能透过介质的探测光场无吸收的透过了介质，即对探测光场出现了一个透明窗口。它的出现是由于此原子系统中的两个原子跃迁 $|a\rangle \leftrightarrow |b\rangle$ 和 $|a\rangle \leftrightarrow |c\rangle$ 实现了量子干涉相消，从而导致激发态上原子布居数几乎为零，消除了介质对探测光场的吸收[1]。需要说明的是，透明窗口的位置并不是绝对位于探测光场共振处，而是决定于强控制光场与对应能级跃迁的失谐；窗口的透明程度取决于控制光场的强度，这也是需要强控制光场的另一原因。

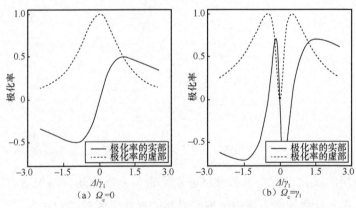

图 2.2　原子介质的极化率与标度后失谐 Δ/γ_1 的关系

EIT 效应自被发现以来，由于其无吸收色散特性，在很多方面具有广泛的应用前景，人们对它的应用研究也一直在进行中。第一，利用 EIT 效应可以实现无粒子数反转激光[11-15]。粒子数反转是实现传统激光的必备条件之一，只有满足此条件才能使受激辐射大于吸收。EIT 效应的存在导致吸收为零，通过一束泵浦光就很容易实现受激辐射大于吸收。此方法对实现短波激光器具有非常重要的价值，但是现有研究大多停留在实验室阶段。无粒子数反转激光的广泛应用在技术上还存在很多困难。第二，利用 EIT 效应可以实现无吸收非线性增强[16-19]。传统的方法在增强非线性的同时，必然带来吸收的增强。利用 EIT 技术，线性吸收被完全抑制，可以在很弱的探测光下实现非线性，从而在非线性混频和波长转换等领域具有重要的应用。第三，利用 EIT 效应可以实现光速减慢[20-24]、光信息存储[25-34]以及静态光脉冲[35-41]，EIT 效应是实现对光有效控制的一种有效的物理工具，为量子信息领域的发展奠定了重要基础。一个著名的实验是 Hau 等[22]在 1999年用 EIT 技术成功地将光的群速度降到 17 m/s。随后在固体介质中，Turukhin 等[25]率先观察到超慢光速和光静止。第四，通过把强控制光场换成强驻波光场，在介质进行周期性调制方面的研究也取得了进展，电磁感应光栅[42]、电磁诱导光子带隙[43]、电磁诱导 Talbot 效应[44]等相继被提出。跟本书相关的具体内容会在后面章节中做更详细的介绍。

2.4 光的群速度减慢

光速是描述光的性质的一个重要物理参量。光速可分相速度和群速度，其大小与光传播时所在的介质的折射率有关。相速度是指光的等相位面或波面的传播速度。光在折射率为 n 的介质中传播时的相速度为 $v_p = \dfrac{c}{n}$，其中 c 为光在真空中传播时的相速度（$c \approx 3 \times 10^8$ m/s）。当介质是均匀介质（如真空）时，组成脉冲的所有单色波都以同一速度向前传播，波包的形状保持不变。然而绝对均匀的介质是不存在的，只包含单一频率的波包也是不存在的，因此任何形式的光脉冲通过一种非均匀介质时，波包中的单色分量都将以不同的相速度前进，从而导致整个波包的形状在传播中也不断发生变化。当用整个波包的中心的传播速度看作整个脉冲的传播速度时，这个速度就被称为群速度，其与介质的折射率 $n(\omega)$ 满足关系

$$v_\text{g} = \frac{\text{d}\omega}{\text{d}k} = \frac{c}{n(\omega) + \omega\dfrac{\text{d}n(\omega)}{\text{d}\omega}} \tag{2.4.1}$$

从式（2.4.1）可以容易地看出，光的群速度 v_g 的大小与折射率 $n(\omega)$ 随频率 ω 的变化率有关。当 $\dfrac{\text{d}n(\omega)}{\text{d}\omega} > 0$ 时，即发生正常色散，群速度 v_g 将减小，实现光的群速度减慢。在极限情况下，即 $\dfrac{\text{d}n(\omega)}{\text{d}\omega} \to \infty$ 时，光的群速度 v_g 将减小到零。在一些反常色散介质中，当满足某些条件时，折射率随频率的变化率将会小于零，即 $\dfrac{\text{d}n(\omega)}{\text{d}\omega} < 0$，可以实现对光的群速度 v_g 的加速控制。在一般介质中，在色散加强的同时必然伴随着强烈的吸收，如图 2.2（a）所示，所以在一般介质中很难观察到光的群速度减慢的现象。正如在本章 2.3 节中所介绍的，当 EIT 效应发生时，巨大的正常色散区正好处于 EIT 透明窗口内，如图 2.2（b）所示，从而保证了在发生强烈的色散时介质对光的零吸收。因此，EIT 概念的提出为有效地控制光的群速度提供了强有力的工具，大批科研人员在这一领域做出了突出的贡献。

美国斯坦福大学的 Harris 小组[45]早在 1992 年就从理论上证明了在 EIT 的吸收线中心存在着陡峭的正常色散，能够将光在介质中传播时的群速度降低到光在真空中速度的 $\dfrac{1}{250}$，并于 1995 年在铅原子蒸气中利用 EIT 效应将光的群速度降低到 $\dfrac{c}{165}$ [20]。随后，各国科学家分别在不同介质中观察到了光的群速度减慢现象，如 Xiao 等[5]同样也在 1995 年利用 Mach-Zehnder 干涉仪方法测量了 EIT 介质的色散曲线并成功将光的群速度降低到 $\dfrac{c}{13.2}$ 等。在这些实验中，引起人们最大注意的莫过于美国哈佛大学的 Hau 小组[22]于 1999 年完成的方案，他们利用 EIT 技术成功地在钠原子的玻色－爱因斯坦凝聚态（Bose-Einstein Condensate，BEC）中将光的群速度减慢到 17 m/s。此实验的成功说明了 EIT 技术是实现光的群速度控制的强有力的工具，具有重大的应用价值。Turukhin 小组[25]于 2001 年在掺镨硅酸钇固体中首次观察到 45 m/s 的光的群速度更加说明了这一点。这是由于固态材料在集成化和器件化方面更有利，随之研究人员又将目光转移到量子点、超导量子线圈等介质上，实现了减速介质从气体介质向固态介质的拓展[46]，为实际的应用奠定了坚实的基础。

2.5　量子纠缠

纠缠是量子力学中最重要的概念之一，它是量子力学不同于经典物理的最不可思议的现象，是态叠加原理在复合量子体系中的一个自然结果，表现为量子力学的非局域性。量子纠缠在量子信息科学各个领域都有着重要的应用，首先它可以帮助量子力学突破局域隐变量理论，其次它也是量子信息科学最重要的物理资源。

2.5.1　纠缠光子对的制备

纠缠光子对已经成功应用于量子信息科学的各个领域，如量子隐形态传输[47-50]、量子密集编码[51-52]、量子中继器[53-56]等。然而，纠缠光子对的制备一直是研究人员关注的热点问题。目前，最流行的纠缠光子对的制备方法是在非线性光学系统中使用自发参量下转换（Spontaneous Parametric Down Conversion，SPDC）[57]，光子通常被制备在偏振、空间或者时间的纠缠自由度上。其中，偏振纠缠因其所具有的易制备、易操作等特点而广泛使用。

当一束泵浦光作用于非线性晶体时，非线性过程劈裂会产生信号光和空闲光，如图 2.3 所示，此过程需要满足能量守恒和动量守恒两个定律，即

$$\omega_{p} = \omega_{s} + \omega_{i}$$
$$k_{p} = k_{s} + k_{i} \tag{2.5.1}$$

其中，$\omega_{p}(k_{p})$、$\omega_{s}(k_{s})$ 和 $\omega_{i}(k_{i})$ 分别为泵浦光、信号光和空闲光的频率（波矢）。式（2.5.1）也被称作相位匹配条件。实验上，通过选择非线性晶体的类型和入射泵浦光的方向，可以满足相位匹配条件，实现自发参量下转换。按照相位匹配类型的不同，通过 SPDC 制备纠缠光子对大体可以分为两类：I 型相位匹配和 II 型相位匹配。此问题不是本书研究的内容，因此不再对其详述。

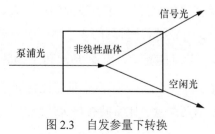

图 2.3　自发参量下转换

在多粒子纠缠制备方面，近年来也取得了重大进展。中国科学技术大学的潘建伟教授领导的小组在实验制备 GHZ（Greenberger-Horne-Zeilinger）态方面取得了突破：他们于 2004 年首次成功制备了"5-光子" GHZ 态[58]；于 2007 年制备了"6-光子" GHZ 态[59]；2010 年，又成功实现了"10-光子" GHZ 态[60]。另外，除了在单自由度的纠缠制备方面取得突破外，在多自由度的纠缠（即超纠缠）制备方面也取得了可喜的进步[61-63]，先后在实验上制备了极化-动量纠缠、极化-频率纠缠等。各种形式的纠缠各有利弊，在完成某一特定任务时各有优劣，它们相互补充，共同促进了量子信息科学的发展。

2.5.2 纠缠态及其量度

由于本书主要涉及两体纠缠情况，不考虑多体纠缠情况，因此本节主要介绍两体纠缠的概念及两体纠缠的度量。

如果一个复合系统是由多个子系统构成的，则此复合系统的量子态不能写为各个子系统量子态的直积形式，即

$$|\Psi\rangle_{AB\cdots} \neq |\phi\rangle_A \otimes |\phi\rangle_B \otimes \cdots \tag{2.5.2}$$

则称此态为纠缠态，否则，称其为可分离态。量子纠缠存在于由多个子系统构成的量子系统中，是不同粒子之间的一种非定域超空间关联。而任何一个直积态表明多个子系统之间不存在关联，因为复合系统的子系统量子态可以独立地通过局域操作制备，对任一子系统的测量不会影响另一子系统。

对于本书所涉及的两体纠缠来说，纠缠态所携带的纠缠量的多少可以用纠缠度来描述，即被公认的 Concurrence，简记为 C。Concurrence 的定义是由 Wootters[64]于 1998 年提出的，其表达式为

$$C = \max\{0, \lambda_1 - \lambda_2 - \lambda_3 - \lambda_4\} \tag{2.5.3}$$

其中，$\max\{A, B, C, \cdots\}$ 代表取 $\{A, B, C, \cdots\}$ 中最大的值。λ_1、λ_2、λ_3 和 λ_4 分别是矩阵 $\boldsymbol{R} = \rho(\sigma_y \otimes \sigma_y)\rho^*(\sigma_y \otimes \sigma_y)$ 按降序排列的 4 个本征值的平方根，ρ 是所描述的量子态的密度矩阵，ρ^* 是 ρ 的共轭矩阵，而 σ_y 是泡利 Y 矩阵。根据纠缠度 C 的定义式，其取值范围为 $0 \leq C \leq 1$。$C = 0$ 表示两个量子比特间不存在纠缠，对应的量子态为可分离态；$C = 1$ 表示两个量子比特间有最大纠缠。

两量子比特体系中最常见的最大纠缠态为 Bell 态，即纠缠度 $C=1$ 的态。4 个 Bell 态构成了两量子比特体系中一组完备的基矢，两量子比特中的任何一个量子态都可以用这 4 个基矢展开，其具体表达式为

$$\left|\varPsi^{\pm}\right\rangle = \frac{1}{\sqrt{2}}(\left|01\right\rangle \pm \left|10\right\rangle)$$

$$\left|\varPhi^{\pm}\right\rangle = \frac{1}{\sqrt{2}}(\left|00\right\rangle \pm \left|11\right\rangle) \tag{2.5.4}$$

式（2.5.4）表示粒子数纠缠态，式中的 0 和 1 也可以分别用 H 和 V 代替，其中 H 代表水平偏振的光子，V 代表垂直偏振的光子，则式（2.5.4）又表示极化纠缠态。

2.5.3 纠缠光源的横向关联性质

在 SPDC 过程中，由于晶体内非线性效应很小，出射面上的态 $\left|\varPsi\right\rangle$ 一般可以写为真空态和二粒子数态的叠加态形式，即

$$\left|\varPsi\right\rangle = \left|0\right\rangle + \sum_{k,k'} F(k\beta, k'\beta') \hat{a}_{k\beta}^{\dagger} \hat{a}_{k'\beta'}^{\dagger} \left|0\right\rangle \tag{2.5.5}$$

其中，k 和 k' 是晶体内的波矢，β 和 β' 表示偏振，$\hat{a}_{k\beta}^{\dagger}$ 和 $\hat{a}_{k'\beta'}^{\dagger}$ 是晶体表面的产生算符，$F(k\beta, k'\beta')$ 表示双光子的频谱分布。

复合测量是一种奇特物理现象的观测方法，其原理如图 2.4 所示。通过 SPDC 产生的两束下转换光经过线性光学系统，用两台探测器对这两束下转换光进行复合测量[65]。$h_1(\vec{\rho}_0, \vec{\rho}_1, z_1)$ 和 $h_2(\vec{\rho}_0, \vec{\rho}_2, z_2)$ 分别表示探测臂和参考臂的传递函数，即脉冲响应函数[66]。其中，$\vec{\rho}_0$、$\vec{\rho}_1$ 和 $\vec{\rho}_2$ 分别表示光源、探测器 D_1 和探测器 D_2 所在平面的横向坐标，z_1 和 z_2 分别代表光源到探测器 D_1 和探测器 D_2 的距离。

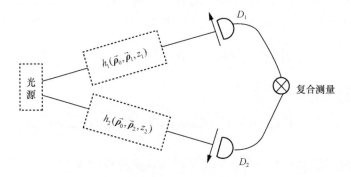

图 2.4　复合测量原理

根据格劳伯的量子测量理论[66]，双光子复合计数率的定义为

$$R_c = \lim_{T \to \infty} \frac{1}{T} \int_0^T dt_1 \int_0^T dt_2 \langle \Psi | E_1^{(-)}(\vec{r}_1, t_1) E_2^{(-)}(\vec{r}_2, t_2) E_2^{(+)}(\vec{r}_2, t_2) E_1^{(+)}(\vec{r}_1, t_1) | \Psi \rangle \quad (2.5.6)$$

其中，$E_j^{(+)}(\vec{r}_j, t_j)$（$j = 1, 2$，分别代表探测器 D_1 和探测器 D_2）是在时间 t_j 时在点 $\vec{r}_j$ 测得的电场的正频部分，$E_j^{(-)}(\vec{r}_j, t_j)$ 是它的厄米共轭。

为了方便讨论，假设频率为 ω_p 的泵浦光沿光轴方向入射到非线性晶体，在理想情况下，通过 SPDC 得到的双光子纠缠态为

$$|\Psi\rangle = \Psi_0 \int d\vec{k}_s d\vec{k}_i \delta(\vec{k}_s + \vec{k}_i) \int d\bar{\omega}_s d\bar{\omega}_i \delta(\omega_s + \omega_i - \omega_p) a^\dagger(\vec{k}_s, \omega_s) a^\dagger(\vec{k}_i, \omega_i) |0\rangle \quad (2.5.7)$$

其中，ω_j 和 $\vec{k}_j (j = s, i, p)$ 分别表示信号光、空闲光和泵浦光的频率和横向波矢，Ψ_0 是归一化常数。

第 j 台探测器处的光场用晶体出射面处的光子湮灭算符表示，其形式为

$$E_j^{(+)}(\vec{\rho}_j, z_j, t_j) = \int d\omega_j \int d\vec{k}_j E_j e^{-i\omega_j t_j} g_j(\vec{k}_j, \omega_j; \vec{\rho}_j, z_j) a(\vec{k}_j, \omega_j) \quad (2.5.8)$$

其中，$E_j = \sqrt{\dfrac{\hbar \omega_j}{2\epsilon_0}}$，$g_j(\vec{k}_j, \omega_j; \vec{\rho}_j, z_j)$ 是格林函数，描绘了频率为 ω_j（横向波矢为 $\vec{k}_j$）的光从光源处传递到距离晶体出射面 z_j 处的第 j 台探测器所在平面上点 ρ_j 的光学传递关系。

根据式（2.5.5）～式（2.5.8），可以得到探测器所在位置的双光子振幅为

$$\begin{aligned} A(\vec{\rho}_1, \vec{\rho}_2) &= \langle 0 | E_2^{(+)}(\vec{r}_2, t_2) E_1^{(+)}(\vec{r}_1, t_1) | \Psi \rangle \\ &\propto \int d\vec{k}_s d\vec{k}_i \delta(\vec{k}_s + \vec{k}_i) \int d\bar{\omega}_s d\bar{\omega}_i \delta(\omega_s + \omega_i - \omega_p) \\ &\quad \times g_1(\vec{k}_s, \omega_s; \vec{\rho}_1, z_1) e^{-i\omega_s t_1} g_2(\vec{k}_i, \omega_i; \vec{\rho}_2, z_2) e^{-i\omega_i t_2} \end{aligned} \quad (2.5.9)$$

为了方便讨论，假设自发参量下转换产生的两光子频率相同，即 $\omega_s = \omega_i = \omega$，并将式（2.5.9）中的 $d\vec{k}_s$ 和 $d\vec{k}_i$ 进行积分，得到

$$A(\vec{\rho}_1, \vec{\rho}_2) \propto \int d\vec{\rho}_0 h_1(\vec{\rho}_1, \vec{\rho}_0, z_1) h_2(\vec{\rho}_2, \vec{\rho}_0, z_2) e^{-i\omega(t_1 + t_2)} \quad (2.5.10)$$

则复合计数率为

$$|A(\vec{\rho}_1, \vec{\rho}_2)| \propto \left| \int d\vec{\rho}_0 h_1(\vec{\rho}_1, \vec{\rho}_0, z_1) h_2(\vec{\rho}_2, \vec{\rho}_0, z_2) \right| \quad (2.5.11)$$

利用纠缠光源的横向关联性质可以成功地解释鬼成像[67]、鬼干涉[68]以及亚波长干涉[69]等现象，而这些现象是经典物理所不能解释的。

2.6　光信息存储

光是最佳的信息载体。在经典光通信中，通过光电转换可以实现对信号光的存储，但是这种方法不能存储信号光的量子信息。在量子通信中，如何实现信号光的存储与提取是科研人员一直关注的问题。

2.6.1　光信息存储的性能指标

目前，可实现光信息存储的协议多种多样，不同协议各有优点和缺点。衡量光信息存储的性能指标主要有保真度、存储效率、存储时间、工作波长、按需提取、多模容量、易用性。

1．保真度

保真度定义为提取态 $|\Psi_{\mathrm{out}}\rangle$ 与输入态 $|\Psi_{\mathrm{in}}\rangle$ 之间的相似程度，即 $\langle\Psi_{\mathrm{in}}|\Psi_{\mathrm{out}}\rangle$，是衡量存储器是否工作在量子区域的重要依据。对于量子比特，如自旋态，其保真度的阈值是 $\frac{2}{3}$；而对于连续变量，如相位和振幅，其保真度的阈值是 $\frac{1}{2}$。

2．存储效率

存储效率定义为提取信号能量与输入信号能量的比值。对于单光子存储情况，存储效率表示从存储器中提取光子的概率。仅在光信息存储效率大于 90% 的情况下，采用量子中继器传输信息的效率才会高于直接传输信息的效率。

3．存储时间

存储时间指的是量子态保存在存储器中的时间，主要由存储器中的消相干等效应决定。为了描述在存储器消相干之前可以完成逻辑操作的数量，有时也用时间带宽积，即存储时间与存储脉冲持续时间的比率来度量。

4．工作波长

为降低信号光在信道中的指数衰减，信号光的波长最好处于通信窗口波段，从而减少长距离通信所需要的中继器数量。这就要求光信息存储器的工作波长也处于通信窗口波段。因此，解决存储器与信息载体工作波长不匹配的问题是非常重要的。

5．按需提取

按需提取指的是光信息写入存储器之后可以根据需求决定提取的时间。这是实现基于光信息存储的多光子同步等功能的前提。例如，大多数基于光场与原子相互作用的存储器需要主动触发，自然地满足按需提取。

6．多模容量

量子通信的速率正比于可并行处理的信息载体数量。为了达到实用化的通信速率并显著降低对存储器寿命的要求，可以使用多模式的量子存储，如时间、频谱或者空间等自由度。多模容量很大程度上依赖于存储协议。

7．易用性

制备出性能足够强大且易于使用的存储器是在真实的光纤链路上部署量子中继器的前提。部分研究组致力于实现基于室温条件工作或以稀土离子掺杂晶体作为存储介质的存储器。

2.6.2　环形光路形式的光信息存储简介

光路存储是最简单的光信息存储方法，其工作原理是光子在光路中低损耗地传播，从而实现对光信息的延时或存储功能。光路存储器已经在按需提取单光子、光子同步等方面得到应用。

光路存储器一般是由光纤做成的环形光路。1.5 μm 波长的光子在通信光纤中丢失一半的时间约为 70 μs，对应的光纤长度约为 15 km。由于损耗的增加，其他波长的光子丢失一半的时间会减少。为了实现存储时间的可控，可将电光调制器和偏振分束器加入环形光路中实现对光子的存储和提取。因此，环形光路的损耗决定了存储寿命，周长决定了存储的时间步长。

另外，基于光子在高 Q 腔的两个腔壁之间的来回反射也可制作光路存储器。通过电光调制器、非线性光学、将量子态传递给经过的原子等方法可实现对光子的存储和提取。通过调控高 Q 腔的 Q 因子，可以控制光信息的存储时间。但是，光在高 Q 腔中的存储存在着周期短和存储时间长之间的矛盾，这限制了光信息的存储效率。

2.6.3　自旋激发态形式的光信息存储简介

在过去的几十年中，科学家基于光场与物质的相互作用实现了光信息在光子态和自旋激发态之间的可逆映射，并在理论上和实验上对自旋激发态形式的光信息存储进行了深入、广泛的研究，取得了一系列比较成熟的理论分析方法和实验处理方法，相继提出了多种存储协议。下面，简单介绍基于电磁感应透明效应和基于大失谐拉曼协议的光信息存储。

1. 基于电磁感应透明效应的光信息存储

正如 2.4 节所概述的，基于 EIT 效应可以实现对光的群速度的可控控制。在此基础上，通过对控制光的绝热关闭和打开，可以实现光信息在光子和原子之间的可逆映射。EIT 效应成为光信息存储的一种强有力的工具。接下来，介绍基于 EIT 效应的光信息存储与提取的理论基础及其研究现状。

被人们广泛接受的解释光信息存储与提取过程的理论是由 Fleischhauer 和 Lukin[10]于 2000 年提出的"暗态极化子"概念，它从理论上成功地解释了基于 EIT 原理的光信息存储与提取过程。以 Λ 型三能级原子系统为基础提出的概念随后又被扩展到了包含自发产生相干（Spontaneously Generated Coherence，SGC）效应[70]、多能级原子模型中[71-72]，成为一套成熟的理论。这里以 Λ 型三能级原子系统（图 2.1）为例，简单介绍"暗态极化子"理论。量子光场 $E(z,t)$ 和拉比频率为 $\Omega(t)$ 的经典控制光场分别与原子的两个能级共振耦合，则暗态极化子的形式为

$$\Psi(z,t) = \cos[\theta(t)]E(z,t) - \sin[\theta(t)]\sqrt{N}\sigma_{bc}(z,t) \qquad (2.6.1)$$

其中，$\tan[\theta(t)] = \dfrac{g\sqrt{N}}{\Omega(t)}$，$g$ 和 N 分别为原子与信号光场的耦合常数和平均原子数。$\sigma_{bc}(z,t)$ 为原子自旋极化，表示原子两个基态间的相干。准粒子暗态极化子 $\Psi(z,t)$ 满足运动方程

$$\left\{ \frac{\partial}{\partial t} + c\cos^2[\theta(t)]\frac{\partial}{\partial z} \right\}\Psi(z,t) = 0 \qquad (2.6.2)$$

显然，此运动方程跟平面波运动方程形式相同，说明准粒子暗态极化子 $\Psi(z,t)$ 以群速度 $v = v_g(t) = c\cos^2[\theta(t)]$ 无形变地在介质中往前传播。

从暗态极化子的表达式可以看出，当控制光场绝热地减小（$\Omega(t) \to 0.0$）时，$\theta(t)$ 从 0 缓慢地增大到 $\dfrac{\pi}{2}$，信号光场转化为原子的自旋极化，信号光脉冲的群速度缓慢地减小到 0，光信息被存储到原子介质中；当控制光场绝热地恢复时，$\theta(t)$ 从 $\dfrac{\pi}{2}$ 缓慢地减小到 0，原子的自旋极化向光场转化，信号光脉冲的群速度缓慢地增大到其在真空中的速度 c，光信息从原子介质中被提取出来。图 2.5[10]清楚地展示了上述整个过程，其中，信号光的波包为 $\exp\left[-\left(\dfrac{z}{10}\right)^2\right]$，图 2.5（a）为 $\theta(t)$ 随时间演化的曲线，即 $\cot[\theta(t)] = 100\{1 - 0.5\tanh[0.1(t-15)] + 0.5\tanh[0.1(t-125)]\}$。

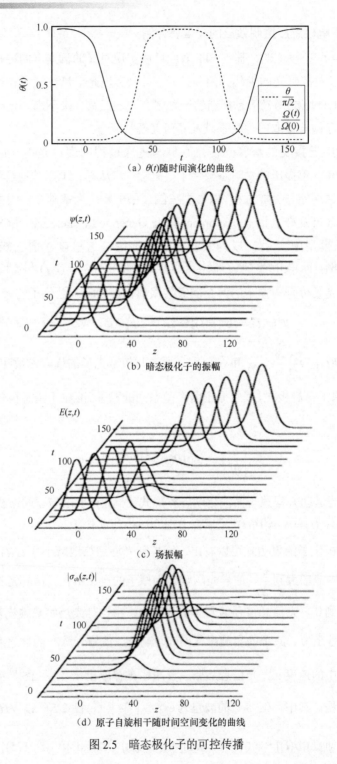

（a）$\theta(t)$随时间演化的曲线

（b）暗态极化子的振幅

（c）场振幅

（d）原子自旋相干随时间空间变化的曲线

图 2.5　暗态极化子的可控传播

　　在实验研究方面，信号光场的存储与提取取得了显著的成就。通过关闭/开启强控制光场，Liu 小组[28]于 2001 年在温度为 0.9 μK 的钠原子中成功地将光脉冲减速、压缩并存储起来，存储时间达到了 1.5 ms。同年，Phillips 小组[73]在热铷原子蒸气（70℃～90℃）中成功地将光脉冲存储了 0.5 ms。而 Turukhin 小组[25]于 2002 年成功地在掺铒硅酸钇晶体中完成了对光脉冲的存储与提取。Hau 小组[30]于 2007 年实现了在一团钠原子的 BEC 中存储，而在相距 160 μm 的第二团 BEC 中提取光脉冲，实现了光脉冲与物质波之间的相互转换。在研究存储的同时，对信号光脉冲的优化存储和微操作方面也取得一系列的成果。为提高光脉冲的提取效率，科研人员先后提出了辅助控制脉冲整形[74-76]、反馈控制脉冲整形[77]、通过弱微波控制场调整原子两个基态的自旋相干[78]等方法。在光脉冲微操作方面，2007 年，Yu 小组[79]将右旋圆偏振的信号光存储到简并的 Zeeman 能级原子系统中后，提取的信号光为左旋圆偏振光。2011 年，Wu 小组[80]在三脚架型原子系统中通过控制失谐在理论上提取出了拍频信号。

　　随着量子通信和量子网络等方面研究的不断深入，纠缠光的存储与提取成为研究人员不得不解决的一个重要问题，因为长距离量子通信中的量子中继器和量子网络功能的实现都以纠缠光的存储和提取为基础。纠缠光存储与提取的基本思路是实现光子纠缠与存储单元量子纠缠之间的可控可逆映射，而原子系综常被用作光存储的记忆元件。基于此理论基础，Duan 等[81]于 2001 年提出了长距离量子通信中继器方案，其中作为量子记忆单元的原子系综在测量诱导作用下产生量子纠缠，基于这个方案，科研人员从一对共享单激发的分离纠缠原子系综中取出单光子和纠缠光子对；我国科学家潘建伟教授研究团队[82]于 2008 年利用冷原子量子存储技术，实现了相距遥远的两个原子系综的测量诱导量子纠缠，并在需要的时候，将存储在这两个原子系综中的原子纠缠读出并转化为光子纠缠，首次实现了具有存储和读出功能的纠缠交换。这些进展均基于 Duan 等提出的概率方案，成功概率非常低且存储时间有限，严重限制了方案的应用[83-84]。

　　2008 年，Kimble 小组[85]提出了基于动态 EIT 原理、具有内在确定性的纠缠光存储与提取方案，并且成功地通过实验验证了该方案，其基本思想是将纠缠的制备和存储分开。被光束偏移器（Beam Displacer，BD）分成相距 1 mm 的两束纠缠光模（L_{in} 和 R_{in}）分别入射到两分离的原子集中，通过绝热地关闭控制光场（$\Omega_c^{(L,R)}$），两信号光模被分别存入两原子集（L_a 和 R_a）中，两光模间的纠缠转化为两原子集间的纠缠。经过时间 τ 后，重新打开控制光场（$\Omega_c^{(L,R)}$），原子纠缠又被转化为两光模（L_{out} 和 R_{out}）之间的纠缠。经实验验证提取效率达到 17%，提取的光子的纠缠度仍然比较低，这主要是由纠缠光子源的纠缠度低引起的。随着纠缠光子源制备研究的不断进步，此方案必将在量子信息通信和量子网络方面起到重要作用。基于此方案原理，Kimble 领导的小组[86]成功实现了共享单激发的 4 个分离原子系综之间测量诱导量子纠缠，并根据需求，以可控方式将原子系综量子纠缠转换成四模光子纠缠。这一工作对以多体纠缠为工作原理的量子网络的实现非常重要。受到他们的启发，Zhang 小组于 2009 年提出了基于 M 型原子系统的确定的四光子极化簇态的存储与提取[87]，并于 2011 年实现了连续变量的极化纠缠簇态的存储和提取[88]，Togan 小组[89]在固态存储介质中实现了纠缠的可逆存储。

2. 基于大失谐拉曼协议的光信息存储

基于大失谐拉曼协议的方案与基于 EIT 效应的方案一样，使用的基本能级结构都是 Λ 型三能级结构。与基于 EIT 效应的方案不同之处是大失谐拉曼协议采用大的单光子失谐，并且满足双光子共振的模型，从而在双光子共振附近产生一个虚激发能级。通过增大介质的有效光学深度或增大控制光场的强度来提高虚激发能级的能带。该方案的优点是：具备存储短时间光脉冲的能力；可工作在很大的频率范围内。因此，该方案可实现高速量子存储，在量子通信和量子计算等领域具有重要的应用潜力。

最早实现基于大失谐拉曼协议存储方案的实验是牛津大学 Walmsley 研究组[90-91]。他们在热原子介质中实现了纳秒级光脉冲的存储，其存储时间带宽积为 5 000。2013 年，Walmsley 研究组在分子介质和金刚石中分别实现了太赫兹的光脉冲存储[92-93]，进一步证明了大失谐拉曼协议在宽带和高速存储中的潜力。2016 年，Walmsley 研究组[94]用一个光学腔内的热原子介质来存储单光子水平的光信号，发现利用腔的抑制效应不仅可以大幅降低四波混频产生的噪声，而且可以和其他光学元器件集成。2018 年，Walmsley 研究组[95]采用了一种称为双光子非共振级联吸收的方案来实现高速无噪声光量子存储器，在热原子介质中成功地实现了低噪声、大带宽单光子存储。在国内，上海交通大学的 Dou 等[96]在室温原子介质中实现了宽带非共振 DLCZ（Duan-Lukin-Cirac-Zoller）量子存储器。华东师范大学的 Guo 等[97]利用了一台基于光学控制的高性能拉曼量子存储器，在热原子介质中实现了对 10 ns 微弱光脉冲的存储，存储效率达到82.6%。中国科学技术大学的史保森研究组[98-102]采用拉曼方案首次实现了真单光子、轨道角动量纠缠、偏振纠缠以及多自由度超纠缠和杂化纠缠的存储，对研究高速大带宽量子网络具有重要参考价值。

2.6.4　静态光脉冲形式的光信息存储简介

自旋激发态形式的光信息存储技术，如 EIT 效应、大失谐拉曼协议等，是通过将光场携带的信息映射到可长时间保存的原子自旋激发态来实现的，存储过程不存在光学分量，很难对存储的光信息进行处理。

2002 年，André 等[103]将 EIT 模型中的行波控制光场替换为驻波控制光场，提出了静态光脉冲的概念，为光信息的存储提供了一种全新的路径。2003 年，Bajcsy 等[104]基于 EIT 效应在相干驻波场驱动下的三能级原子系统中进行实验，生成了静态光脉冲。随后，Ham 等[105-106]通过理论分析发现，静态光脉冲本质是基于多波混合过程产生的。由于静态光脉冲存储协议在存储期间存在光学分量，存储时间不再受制于原子自旋相干时间的限制，光场与物质相互作用的时间可以显著增加，可实现对光的更灵活、更方便操控。因此，在弱光非线性和量子信息处理领域具有重要的潜在应用。正因为如此，在候选介质中已经取得了基于该原理的大量有意义的结果，如时间脉冲分裂的相干控制、双静态光脉冲的产生和操控、慢光到静态光脉冲的直接转化[107-108]等。随着研究的深入，研究人员发现在典型的 Λ 型三能级原子系统中，在驻波光场驱动下会衍生出自旋相干和光学相干的高阶傅里叶分量，产生的静态光脉冲会经历快速的衰变和扩散[109]。

为了在存储期间保持光学分量并避免高损耗，多个研究组对静态光脉冲的产生模型进行了改进。2009 年，吉林大学 Wu 研究组[110]利用两个电磁诱导光子带隙和一个 EIT 效应下的光透明区域，建立了一个电磁诱导光学微腔，实现了在原子介质中对弱信号光脉冲的全光限制，从而显著降低了信号光的损耗。同年，Lin 等[111]使用双 Λ 型四能级原子系统，通过实验观察到了高效率、高保真度的静态光脉冲。

参考文献

[1] KOCHAROVSKAYA O A, KHANIN Y I. Coherent amplification of an ultrashort pulse in a 3-level medium without a population-inversion[J]. JETP Letters, 1989, 48(11): 581-584.

[2] HARRIS S E. Lasers without inversion: interference of lifetime-broadened resonances[J]. Physical Review Letters, 1989, 62(9): 1033-1036.

[3] SCULLY M O, ZHU S Y, GAVRIELIDES A. Degenerate quantum-beat laser: Lasing without inversion and inversion without lasing[J]. Physical Review Letters, 1989, 62(24): 2813-2816.

[4] BOLLER K, IMAMOLU A, HARRIS S E. Observation of electromagnetically induced trans-

parency[J]. Physical Review Letters, 1991, 66(20): 2593-2596.

[5]   XIAO M, LI Y, JIN S, et al. Measurement of dispersive properties of electromagnetically in-duced transparency in rubidium atoms[J]. Physical Review Letters, 1995, 74(5): 666-669.

[6]   SERAPIGLIA G B, PASPALAKIS E, SIRTORI C, et al. Laser-induced quantum coherence in a semiconductor quantum well[J]. Physical Review Letters, 2000, 84(5): 1019-1022.

[7]   KUZNETSOVA E, KOCHAROVSKAYA O, HEMMER P, et al. Atomic interference phenom-ena in solids with a long-lived spin coherence[J]. Physical Review A, 2002: doi.org/10.1103/PhysRevA. 66.063802.

[8]   LUKIN M D, YELIN S F, FLEISCHHAUER M, et al. Quantum interference effects induced by interacting dark resonances[J]. Physical Review A, 1999, 60(4): 3225-3228.

[9]   PASPALAKIS E, KNIGHT P L. Electromagnetically induced transparency and controlled group velocity in a multilevel system[J]. Physical Review A, 2002: doi.org/10.1103/PhysRevA. 66.015802.

[10] FLEISCHHAUER M, LUKIN M D. Dark-state polaritons in electromagnetically induced trans-parency[J]. Physical Review Letters, 2000, 84(22): 5094-5097.

[11] ZIBROV A S, LUKIN M D, NIKONOV D E, et al. Experimental demonstration of laser oscilla-tion without population inversion via quantum interference in Rb[J]. Physical Review Letters, 1995, 75(8): 1499-1502.

[12] TAN W, LU W, HARRISON R G. Lasing without inversion in a V system due to trapping of modified atomic states[J]. Physical Review A, Atomic, Molecular, and Optical Physics, 1992, 46(7): R3613-R3616.

[13] SCULLY M O, ZHU S Y, NARDUCCI L M, et al. Gain and threshold in noninversion la-sers[C]//Proceedings of SPIE on Nonlinear Optics and Materials. Bellingham: SPIE Press, 1991: 264-276.

[14] FRY E S, LI X, NIKONOV D, et al. Atomic coherence effects within the sodium D1 line: Lasing without inversion via population trapping[J]. Physical Review Letters, 1993, 70(21): 3235-3238.

[15] GHERI K M, WALLS D F. Squeezed lasing without inversion or light amplification by coher-ence[J]. Physical Review A, 1992, 45(9): 6675-6686.

[16] HARRIS S E, FIELD J E, IMAMOGLU A. Nonlinear optical processes using electromagneti-cally induced transparency[J]. Physical Review Letters, 1990, 64(10): 1107-1110.

[17] DENG L, PAYNE M G, GARRETT W R. Electromagnetically-induced-transparency-enhanced Kerr nonlinearity: beyond steady-state treatment[J]. Physical Review A, 2001: doi.org/10.1103/PhysRevA.64.023807.

[18] ZHANG G Z, HAKUTA K, STOICHEFF B P. Nonlinear optical generation using electromag-netically induced transparency in atomic hydrogen[J]. Physical Review Letters, 1993, 71(19): 3099-3102.

[19]　BRAJE D A, BALIĆ V, YIN G Y, et al. Low-light-level nonlinear optics with slow light[J]. Physical Review A, 2003: doi.org/10.1103/PhysRevA.68.041801.

[20]　KASAPI A, JAIN M, YIN G Y, et al. Electromagnetically induced transparency: propagation dynamics[J]. Physical Review Letters, 1995, 74(13): 2447-2450.

[21]　SCHMIDT O, WYNANDS R, HUSSEIN Z, et al. Steep dispersion and group velocity belowc3000in coherent population trapping[J]. Physical Review A, 1996, 53(1): R27-R30.

[22]　HAU L V, HARRIS S E, DUTTON Z, et al. Light speed reduction to 17 metres per second in an ultracold atomic gas[J]. Nature, 1999, 397(6720): 594-598.

[23]　KASH M M, SAUTENKOV V A, ZIBROV A S, et al. Ultraslow group velocity and enhanced nonlinear optical effects in a coherently driven hot atomic gas[J]. Physical Review Letters, 1999, 82(26): 5229-5232.

[24]　BUDKER D, KIMBALL D F, ROCHESTER S M, et al. Nonlinear magneto-optics and reduced group velocity of light in atomic vapor with slow ground state relaxation[J]. Physical Review Letters, 1999, 83(9): 1767-1770.

[25]　TURUKHIN A V, SUDARSHANAM V S, SHAHRIAR M S, et al. Observation of ultraslow and stored light pulses in a solid[J]. Physical Review Letters, 2001: doi.org/10.1103/PhysRevLett. 88.023602.

[26]　WANG H H, FAN Y F, WANG R, et al. Slowing and Storage of double light pulses in a Pr^{3+}:Y_2SiO_5 crystal[J]. Optics Letters, 2009, 34(17): 2596-2598.

[27]　KOCHAROVSKAYA O, ROSTOVTSEV Y, SCULLY M O. Stopping light via hot atoms[J]. Physical Review Letters, 2001, 86(4): 628-631.

[28]　LIU C E, DUTTON Z, BEHROOZI C H, et al. Observation of coherent optical information storage in an atomic medium using halted light pulses[J]. Nature, 2001, 409(6819): 490-493.

[29]　BIGELOW M S, LEPESHKIN N N, BOYD R W. Observation of ultraslow light propagation in a ruby crystal at room temperature[J]. Physical Review Letters, 2003: doi.org/10.1103/ PhysRevLett. 90.113903.

[30]　GINSBERG N S, GARNER S R, HAU L V. Coherent control of optical information with matter wave dynamics[J]. Nature, 2007, 445(7128): 623-626.

[31]　CHEN Y F, WANG S H, WANG C Y, et al. Manipulating the retrieved width of stored light pulses[J]. Physical Review A, 2005: doi.org/10.1103/PhysRevA.72.053803.

[32]　CHEN Y F, WANG C Y, WANG S H, et al. Low-light-level cross-phase-modulation based on stored light pulses[J]. Physical Review Letters, 2006: doi.org/10.1103/PhysRevLett.96.043603.

[33]　EISAMAN M D, ANDRÉ A, MASSOU F, et al. Electromagnetically induced transparency with tunable single-photon pulses[J]. Nature, 2005, 438(7069): 837-841.

[34]　CHEN Y F, KUAN P C, WANG S H, et al. Manipulating the retrieved frequency and polarization of stored light pulses[J]. Optics Letters, 2006, 31(23): 3511-3513.

[35] HANSEN K R, MØLMER K, Stationary light pulses in ultracold atomic gases[J]. Physical Review A, 2007: doi.org/10.1103/PhysRevA.75.065804.

[36] ANDRÉ A, BAJCSY M, ZIBROV A S, et al. Nonlinear optics with stationary pulses of light[J]. Physical Review Letters, 2005: doi.org/10.1103/PhysRevLett.94.063902.

[37] HANSEN K R, MØLMER K. Trapping of light pulses in ensembles of stationary atoms[J]. Physical Review A, 2007: doi.org/10.1103/PhysRevA.75.053802.

[38] NIKOGHOSYAN G, FLEISCHHAUER M. Stationary light in cold-atomic gases[J]. Physical Review A, 2009: doi.org/10.1103/PhysRevA.80.013818.

[39] WU J H, ARTONI M, LA R G C. Decay of stationary light pulses in ultracold atoms[J]. Physical Review A, 2010: doi.org/10.1103/PhysRevA.81.033822.

[40] HARRIS S E, YAMAMOTO Y. Photon switching by quantum interference[J]. Physical Review Letters, 1998, 81(17): 3611-3614.

[41] PARK K K, CHO Y W, CHOUGH Y T. Experimental demonstration of quantum stationary light pulses in an atomic ensemble[J]. Physical Review A, 2018: doi.org/10.1103/PhysRevX.8.021016.

[42] LING H Y, LI Y Q, XIAO M. Electromagnetically induced grating: homogeneously broadened medium[J]. Physical Review A, 1998, 57(2): 1338-1344.

[43] ARTONI M, LA ROCCA G C. Optically tunable photonic stop bands in homogeneous absorbing media[J]. Physical Review Letters, 2006: doi.org/10.1103/PhysRevLett.96.073905.

[44] WEN J M, DU S W, CHEN H Y, et al. Electromagnetically induced Talbot effect[J]. Applied Physics Letters, 2011: doi.org/10.1063/1.3559610.

[45] HARRIS S E, FIELD J E, KASAPI A. Dispersive properties of electromagnetically induced transparency[J]. Physical Review A, Atomic, Molecular, and Optical Physics, 1992, 46(1): R29-R32.

[46] YUAN C H, ZHU K D. Voltage-controlled slow light in asymmetry double quantum dots[J]. Applied Physics Letters, 2006: doi.org/10.1063/1.2335366.

[47] BENNETT C H, BRASSARD G, CRÉPEAU C, et al. Teleporting an unknown quantum state via dual classical and Einstein-Podolsky-Rosen channels[J]. Physical Review Letters, 1993, 70(13): 1895-1899.

[48] BOUWMEESTER D, PAN J W, MATTLE K, et al. Experimental quantum teleportation[J]. Nature, 1997, 390(6660): 575-579.

[49] MARCIKIC I, DE RIEDMATTEN H, TITTEL W, et al. Long-distance teleportation of qubits at telecommunication wavelengths[J]. Nature, 2003, 421(6922): 509-513.

[50] CHEN Y A, CHEN S, YUAN Z S, et al. Memory-built-in quantum teleportation with photonic and atomic qubits[J]. Nature Physics, 2008, 4(2): 103-107.

[51] BENNETT C H, WIESNER S J. Communication via one- and two-particle operators on Einstein-Podolsky-Rosen states[J]. Physical Review Letters, 1992, 69(20): 2881-2884.

[52]   BARREIRO J T, WEI T C, KWIAT P G. Beating the channel capacity limit for linear photonic superdense coding[J]. Nature Physics, 2008, 4(4): 282-286.

[53]   BRIEGEL H J, DÜR W, CIRAC J I, et al. Quantum repeaters: the role of imperfect local operations in quantum communication[J]. Physical Review Letters, 1998, 81(26): 5932-5935.

[54]   ZHAO Z, YANG T, CHEN Y A, et al. Experimental realization of entanglement concentration and a quantum repeater[J]. Physical Review Letters, 2003: doi.org/10.1103/PhysRevLett. 90.207901.

[55]   SIMON C, DE RIEDMATTEN H, AFZELIUS M, et al. Quantum repeaters with photon pair sources and multimode memories[J]. Physical Review Letters, 2007: doi.org/10.1103/PhysRevLett. 98.190503.

[56]   AGHAMALYAN D, MALAKYAN Y. Quantum repeaters based on deterministic storage of a single photon in distant atomic ensembles[J]. Physical Review A, 2011: doi.org/10.1103/PhysRevA. 84.042305.

[57]   KWIAT P G, MATTLE K, WEINFURTER H, et al. New high-intensity source of polarization-entangled photon pairs[J]. Physical Review Letters, 1995, 75(24): 4337-4341.

[58]   ZHAO Z, CHEN Y A, ZHANG A N, et al. Experimental demonstration of five-photon entanglement and open-destination teleportation[J]. Nature, 2004, 430(6995): 54-58.

[59]   LU C Y, ZHOU X Q, GÜHNE O, et al. Experimental entanglement of six photons in graph states[J]. Nature Physics, 2007, 3(2): 91-95.

[60]   GAO W B, LU C Y, YAO X C, et al. Experimental demonstration of a hyper-entangled ten-qubit Schrödinger cat state[J]. Nature Physics, 2010, 6(5): 331-335.

[61]   BARREIRO J T, LANGFORD N K, PETERS N A, et al. Generation of hyperentangled photon pairs[J]. Physical Review Letters, 2005: doi.org/10.1103/PhysRevLett.95.260501.

[62]   HU B L, ZHAN Y B. Generation of hyperentangled states between remote noninteracting atomic ions[J]. Physical Review A, 2010: doi.org/10.1103/PhysRevA.82.054301.

[63]   CHEN G, LI C F, YIN Z Q, et al. Hyper-entangled photon pairs from single quantum dots[J]. Europhysics Letters, 2010: doi.org/10.1209/0295-5075/89/44002.

[64]   WOOTTERS W K. Entanglement of formation of an arbitrary state of two qubits[J]. Physical Review Letters, 1998, 80(10): 2245-2248.

[65]   BACHOR H A, RALPH T C. A guide to experiments in quantum optics[M]. New York: Wiley, 2019.

[66]   SUTTON P. Introduction to Fourier optics[J]. Quantum and Semiclassical Optics: Journal of the European Optical Society Part B, 1996, 8(5): 14.

[67]   PITTMAN T B, SHIH Y H, STREKALOV D V, et al, Optical imaging by means of two-photon quantum entanglement[J]. Physical Review A, 1995, 52(5): R3429-R3432.

[68]   STREKALOV D V, SERGIENKO A V, KLYSHKO D N, et al. Observation of two-photon

"ghost" interference and diffraction[J]. Physical Review Letters, 1995, 74(18): 3600-3603.

[69] BOTO A N, KOK P, ABRAMS D S, et al. Quantum interferometric optical lithography: exploiting entanglement to beat the diffraction limit[J]. Physical Review Letters, 2000, 85(13): 2733-2736.

[70] JOSHI A, XIAO M. Dark-state polaritons using spontaneously generated coherence[J]. The European Physical Journal D, 2005, 35(3): 547-551.

[71] LI P B, GU Y, WANG K, et al. Dark-state polaritons for quantum memory in a five-level M-type atomic ensemble[J]. Physical Review A, 2006: doi.org/10.1103/PhysRevA.73.032343.

[72] JOSHI A, XIAO M. Generalized dark-state polaritons for photon memory in multilevel atomic media[J]. Physical Review A, 2005: doi.org/10.1103/PhysRevA.71.041801.

[73] PHILLIPS D F, FLEISCHHAUER A, MAIR A, et al. Storage of light in atomic vapor[J]. Physical Review Letters, 2001, 86(5): 783-786.

[74] NOVIKOVA I, GORSHKOV A V, PHILLIPS D F, et al. Optimal control of light pulse storage and retrieval[J]. Physical Review Letters, 2007: doi.org/10.1103/PhysRevLett.98.243602.

[75] NOVIKOVA I, PHILLIPS N B, GORSHKOV A V. Optimal light storage with full pulse-shape control[J]. Physical Review A, 2008: doi.org/10.1103/PhysRevA.78.021802.

[76] PHILLIPS N B, GORSHKOV A V, NOVIKOVA I. Optimal light storage in atomic vapor[J]. Physical Review A, 2008: doi.org/10.1103/PhysRevA.78.023801.

[77] BEIL F, BUSCHBECK M, HEINZE G, et al. Light storage in a doped solid enhanced by feedback-controlled pulse shaping[J]. Physical Review A, 2010: doi.org/10.1103/PhysRevA. 81.053801.

[78] EILAM A, WILSON-GORDON A D, FRIEDMANN H. Efficient light storage in a Λ system due to coupling between lower levels[J]. Optics Letters, 2009: 10.1364/ol.34.001834.

[79] GUAN P C, CHEN Y F, YU I A. Role of degenerate Zeeman states in the storage and retrieval of light pulses[J]. Physical Review A, 2007: doi.org/10.1103/PhysRevA.75.013812.

[80] BAO Q Q, GAO J W, CUI C L, et al. Dynamic generation of robust and controlled beating signals in an asymmetric procedure of light storage and retrieval[J]. Optics Express, 2011: 10.1364/OE.19.011832.

[81] DUAN L M, LUKIN M D, CIRAC J I, et al. Long-distance quantum communication with atomic ensembles and linear optics[J]. Nature, 2001, 414(6862): 413-418.

[82] YUAN Z S, CHEN Y A, ZHAO B, et al. Experimental demonstration of a BDCZ quantum repeater node[J]. Nature, 2008, 454(7208): 1098-1101.

[83] LAURAT J, CHOI K S, DENG H, et al. Heralded entanglement between atomic ensembles: preparation, decoherence, and scaling[J]. Physical Review Letters, 2007: doi.org/10.1103/PhysRevLett. 99.180504.

[84] CHOU C W, DE RIEDMATTEN H, FELINTO D, et al. Measurement-induced entanglement for excitation stored in remote atomic ensembles[J]. Nature, 2005, 438(7069): 828-832.

[85]　CHOI K S, DENG H, LAURAT J, et al. Mapping photonic entanglement into and out of a quantum memory[J]. Nature, 2008, 452(7183): 67-71.

[86]　PAPP S B, CHOI K S, DENG H, et al. Characterization of multipartite entanglement for one photon shared among four optical modes[J]. Science, 2009, 324(5928): 764-768.

[87]　YUAN C H, CHEN L Q, ZHANG W P. Storage of polarization-encoded cluster states in an atomic system[J]. Physical Review A, 2009: doi.org/10.1103/PhysRevA.79.052342.

[88]　LI D C, YUAN C H, CAO Z L, et al. Storage and retrieval of continuous-variable polarization-entangled cluster states in atomic ensembles[J]. Physical Review A, 2011: doi.org/10.1103/PhysRevA.84.022328.

[89]　TOGAN E, CHU Y, TRIFONOV A S, et al. Quantum entanglement between an optical photon and a solid-state spin qubit[J]. Nature, 2010, 466(7307): 730-734.

[90]　REIM K F, NUNN J, LORENZ V O, et al. Towards high-speed optical quantum memories[J]. Nature Photonics, 2010, 4(4): 218-221.

[91]　REIM K F, MICHELBERGER P, LEE K C, et al. Single-photon-level quantum memory at room temperature[J]. Physical Review Letters, 2011: doi.org/10.1103/PhysRevLett.107.053603.

[92]　BUSTARD P J, LAUSTEN R, ENGLAND D G, et al. Toward quantum processing in molecules: a THz-bandwidth coherent memory for light[J]. Physical Review Letters, 2013: doi.org/10.1103/PhysRevLett.111.083901.

[93]　ENGLAND D G, BUSTARD P J, NUNN J, et al. From photons to phonons and back: a THz optical memory in diamond[J]. Physical Review Letters, 2013: doi.org/10.1103/PhysRevLett.111.243601.

[94]　SAUNDERS D J, MUNNS J H D, CHAMPION T F M, et al. Cavity-enhanced room-temperature broadband Raman memory[J]. Physical Review Letters, 2016: doi.org/10.1103/PhysRevLett.116.090501.

[95]　KACZMAREK K T, LEDINGHAM P M, BRECHT B, et al. High-speed noise-free optical quantum memory[J]. Physical Review A, 2018: doi.org/10.1103/PhysRevA.97.042316.

[96]　DOU J P, YANG A L, DU M Y, et al. A broadband DLCZ quantum memory in room-temperature atoms[J]. Communications Physics, 2018: doi.org/10.1038/s42005-018-0057-9.

[97]　GUO J X, FENG X T, YANG P Y, et al. High-performance Raman quantum memory with optimal control in room temperature atoms[J]. Nature Communications, 2019: doi.org/10.1038/s41467-018-08118-5.

[98]　LIU Y, WU J H, SHI B S, et al. Realization of a two-dimensional magneto-optical trap with a high optical depth[J]. Chinese Physics Letters, 2012: doi.org/10.1088/0256-307X/29/2/024205.

[99]　DING D S, ZHANG W, ZHOU Z Y, et al. Quantum storage of orbital angular momentum entanglement in an atomic ensemble[J]. Physical Review Letters, 2015: doi.org/10.1103/PhysRevLett.114.050502.

[100] DING D S, ZHANG W, SHI S, et al. High-dimensional entanglement between distant atomic-ensemble memories[J]. Light: Science & Applications, 2016: doi.org/10.1038/lsa.2016.157.

[101] DING D S, ZHANG W, ZHOU Z Y, et al. Raman quantum memory of photonic polarized entanglement[J]. Nature Photonics, 2015, 9(5): 332-338.

[102] ZHANG W, DING D S, DONG M X, et al. Experimental realization of entanglement in multiple degrees of freedom between two quantum memories[J]. Nature Communications, 2016: doi.org/10.1038/ncomms13514.

[103] ANDRÉ A, LUKIN M D. Manipulating light pulses via dynamically controlled photonic band gap[J]. Physical Review Letters, 2002: doi.org/10.1103/PhysRevLett.89.

[104] BAJCSY M, ZIBROV A S, LUKIN M D. Stationary pulses of light in an atomic medium[J]. Nature, 2003, 426(6967): 638-641.

[105] HAM B S. Spatiotemporal quantum manipulation of traveling light: quantum transport[J]. Applied Physics Letters, 2006: doi.org/10.1063/1.2188599.

[106] XUE Y, HAM B S. Investigation of temporal pulse splitting in a three-level cold-atom ensemble[J]. Physical Review A, 2008: doi.org/10.1103/PhysRevA.78.053830.

[107] BAO Q Q, ZHANG X H, GAO J Y, et al. Coherent generation and dynamic manipulation of double stationary light pulses in a five-level double-tripod system of cold atoms[J]. Physical Review A, 2011: doi.org/10.1103/PhysRevA.84.063812.

[108] ZHANG X J, WANG H H, LIU C Z, et al. Direct conversion of slow light into a stationary light pulse[J]. Physical Review A, 2012: doi.org/10.1103/PhysRevA.86.023821.

[109] WU J H, ARTONI M, LA ROCCA G C. Stationary light pulses in cold thermal atomic clouds[J]. Physical Review A, 2010: doi.org/10.1103/PhysRevA.82.013807.

[110] WU J H, ARTONI M, LA G C. All-optical light confinement in dynamic cavities in cold atoms[J]. Physical Review Letters, 2009: doi.org/10.1103/PhysRevLett.103.133601.

[111] LIN Y W, LIAO W T, PETERS T, et al. Stationary light pulses in cold atomic media and without Bragg gratings[J]. Physical Review Letters, 2009: doi.org/10.1103/PhysRevLett.102.213601.

第3章
基于 EIT 效应的光信息存储

光是极好的信息载体，具有传播速度快、不易受外界环境干扰等优点。然而，光信息不易久存，要发挥光在信息传播和处理中的优势，就必须解决光信息的存储问题。以光电转换为工作原理的传统光信息存储方式会导致光量子态被破坏，使光携带的量子信息丢失，所以，久存量子信息必须另辟蹊径。

电磁感应透明（Electromagnetically Induced Transparency，EIT）是一种非常重要的原子相干效应[1]，它的无吸收色散特性使其在光速控制[2-4]、光信息存储[5-9]、纠缠存储[10-13]、弱光非线性[14-17]、电磁诱导光栅[18-22]、原子成像[23]、电磁诱导光子带隙[24-27]、量子信息处理等领域都具有广泛的应用。Fleischhauer 等[28]提出基于 EIT 效应来实现光信息存储方案，采用具有光学厚度的原子系综作为光信息的存储介质，通过外加相干控制，使量子态在光与长寿命的原子自旋波之间可逆映射，来实现对光量子信息的存储与提取。自此以后，无论是在理论上还是在实验上，研究人员在这一领域均取得了突破性的进展。

量子纠缠作为量子力学最重要的特征之一，是量子态叠加原理应用于复合体系的一个自然结果，是复合量子体系中一种非常奇妙的量子现象，表现了量子力学的非局域性。它不仅可以帮助量子力学战胜局域隐变量理论，而且是量子信息科学（例如，实现量子中继器、长距离的量子网络等）的最重要的物理资源[29-33]。通过对纠缠进行研究，可以加深对量子力学基本原理的更深层次的了解，揭示更多的物理现象，反映物质间相互联系的规律等。因此，无论是对量子力学本身还是对量子信息科学来说，对纠缠的研究都是一件非常有意义且重要的事情。然而，纠缠应用于某些领域的一个重要前提是实现对纠缠的存储与提取，例如，前文提到的量子中继器和长距离的量子网络等。因此，对纠缠光的存储与提取的研究也相应地被提出[34]，包括中国科学技术大学研究小组在内的世界范围内几个著名的研究小组都取得了一批开拓性的研究成果[12-13,35]。方法主要有基于 Duan 等提出的测量诱导概率方案和基于 Kimble 等提出的基于 EIT 的内在确定性方案，而后者由于具有确定性的本质，一经提出就受到研究人员的极大关注。

本章主要研究热原子介质中单模弱信号光场和多模弱信号光场的存储与提取，分析二维图像的存储与提取及其优化，讨论单模纠缠光和双模纠缠波包的存储与提取。

3.1 热原子介质中的光信息存储

绝大多数基于 EIT 效应的研究是以气体原子为研究介质，并且现有的工作都是通过引入与原子热运动速度分布成比例的概率分布函数（高斯型或洛伦兹型）来模拟热原子所产生的多普勒效应，忽略由原子热运动引起的原子自旋相干的解相的影响。然而，光场与原子的相互作用有可能影响原子的速度分布，其中最显著的一个例子就是相干布居囚禁（Coherent Population Trapping，CPT）[36]。因此，这种确定的描述方法有可能引起结果的不准确。

为了更准确地描述原子与光场的相互作用，本节将原子热运动的速度或动量作为新的自变量，研究在考虑原子反弹效应时的热运动原子介质中的弱信号光场的存储与提取，分析了多模弱信号光场的存储效果与两光场的传播情况以及原子动量分布的宽度之间的关系。

3.1.1 热原子介质中单模弱信号光场的存储

本节讨论 Λ 型三能级原子系统中温度对弱信号光场的存储与提取的影响，原子温度由原子动量分布的半宽来表征。原子动量分布的半宽越窄，相应的原子温度越低。考虑原子质心运动，分析原子动量分布、初始原子内部能级状态以及光场的传播方向等对单模及多模弱信号光场的存储与提取的影响。

1. 原子与光场相互作用模型

本节采用的 Λ 型三能级原子系统如图 3.1 所示。一束单模弱信号光场和一束强控制光场与该系统相互作用，两光场的单位偏振矢量相互垂直。弱信号光场频率为 ω_1，波数为 k_1，沿 $+O_z$ 方向传播，只与原子跃迁 $|e_0\rangle \leftrightarrow |g_1\rangle$ 耦合。强控制光场频率为 ω_2，波数为 k_2，与弱信号光场相向（或同向）传播，只与原子跃迁 $|e_0\rangle \leftrightarrow |g_2\rangle$ 耦合。因此，两原子跃迁的电偶极矩单位矢量也相互正交。由于信号光场足够弱，而控制光场足够强，所以信号光场可看作量子光场，而控制光场为经典电磁场。

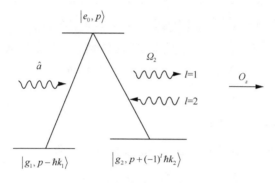

图 3.1　Λ 型三能级原子系统

信号光场和控制光场的场方程可分别表示为

$$\vec{E}_s(z,t) = \frac{1}{2}\hat{\epsilon}_1 \mathcal{E}_1 a \exp[i(k_1 z - \omega_1 t)] + \text{c.c.}$$

$$\vec{E}_c(z,t) = \frac{1}{2}\hat{\epsilon}_2 \mathcal{E}_2 \exp[i(-1)^l k_2 z - i\omega_2 t] + \text{c.c.} \tag{3.1.1}$$

其中，$\mathcal{E}_1$ 为信号光场振幅，$\mathcal{E}_2$ 为控制光场振幅，$\hat{\epsilon}_1$ 和 $\hat{\epsilon}_2$ 分别为信号光场和控制光场的单位偏振矢量。$a(a^\dagger)$ 为信号光场的湮灭（产生）算符，满足对易关系 $[a,a^\dagger]=1$。l 为控制光场的传播方向，$l=1$ 表示控制光场沿 $+Oz$ 方向传播，$l=2$ 表示控制光场沿 $-O_z$ 方向传播。假设原子温度足够低，原子态由原子内部和外部（平动）自由度共同描述，即原子态可表示成 $|e_0,p\rangle$、$|g_1,p-\hbar k_1\rangle$ 和 $|g_2,p+(-1)^l \hbar k_2\rangle$。

在电偶极近似和旋波近似下，忽略原子间的相互作用，系统哈密顿量可表示为

$$H = H_A + V$$

$$H_A = \frac{P^2}{2M}|e_0, p\rangle\langle e_0, p| + \left(\frac{P^2}{2M} + \hbar\Delta_1\right)|g_1, p - \hbar k_1\rangle\langle g_1, p - \hbar k_1| +$$

$$\left(\frac{P^2}{2M} + \hbar\Delta_2\right)|g_2, p + (-1)^l \hbar k_2\rangle\langle g_2, p + (-1)^l \hbar k_2|$$

$$V = \frac{\hbar}{2}\sum_p \left(ga|e_0, p\rangle\langle g_1, p - \hbar k_1| + \Omega_2|e_0, p\rangle\langle g_2, p + (-1)^l \hbar k_2| + \text{H.c.}\right) \quad (3.1.2)$$

其中，H_A 为原子自由哈密顿量，V 为原子与光场相互作用哈密顿量。M 为原子质量，$\Delta_i(i=1,2)$ 是光场与相应原子跃迁之间的失谐，定义为 $\hbar\Delta_i = \hbar\omega_i - (E_{e_0} - E_{g_i})$，其中 $E_{e_0}(E_{g_i})(i=1,2)$ 是原子态 $|e_0\rangle$（$|g_i\rangle$）的内能。g 和 Ω_2 是相关的耦合常数和拉比频率。很显然，该系统也存在一个动量族 $F(p) = \left\{|e_{01}, p\rangle, |g_1, p - \hbar k_1\rangle, |g_2, p + (-1)^l \hbar k_2\rangle\right\}$，它在哈密顿量 H 的作用下是一个封闭的动量族。

2. 弱信号光场运动方程

弱信号光场的动力学演化可用海森伯方程描述，即

$$\frac{\partial}{\partial t}a = -[H, a] \quad (3.1.3)$$

将式（3.1.2）代入式（3.1.3），可得

$$\frac{\partial}{\partial t}a = -\frac{\mathrm{i}}{2}g^*\sum_p |g_1, p - \hbar k_1\rangle\langle e_0, p| \quad (3.1.4)$$

由于本书所关心的是信号光场的经典信息，因此采用半经典近似，在系统的演化中将弱信号光场的湮灭算符 a 用其平均值 $\bar{a} = \langle a\rangle$ 代替，式（3.1.4）可表示为

$$\frac{\partial}{\partial t}\bar{a} = -\frac{\mathrm{i}}{2}g^*\sum_p \langle e_0, p|\rho|g_1, p - \hbar k_1\rangle \quad (3.1.5)$$

其中，ρ 为系统密度矩阵。

3. 系统的动力演化方程

为了了解此系统的演化过程，可以采用主方程方法描述整个系统，进而推导出系统的动力演化方程。系统的主方程形式可表示为

$$\frac{\partial}{\partial t}\rho = -\frac{\mathrm{i}}{\hbar}[H, \rho] + \mathcal{L}\rho \quad (3.1.6)$$

其中，$\mathcal{L}\boldsymbol{\rho}$ 表示原子与真空场相互作用项。由于两原子跃迁电偶极矩单位矢量相互正交，系统无真空诱导相干效应，所以此时 $\mathcal{L}\boldsymbol{\rho}$ 只代表传统自发辐射项，其对密度矩阵元的贡献如式（3.1.7）所示。

$$\frac{\partial \rho_{ee}}{\partial t} = -(\gamma_1 + \gamma_2)\rho_{ee}$$

$$\frac{\partial \rho_{ei}}{\partial t} = -\frac{(\gamma_1 + \gamma_2)}{2}\rho_{ei}, i = g, s$$

$$\frac{\partial \rho_{gg}}{\partial t} = \gamma_1 \int_{-\hbar k_1}^{\hbar k_1} \mathrm{d}u W_1(u)\rho_{ee}(p - \hbar k_1 + \hbar u)$$

$$\frac{\partial \rho_{ss}}{\partial t} = \gamma_2 \int_{-\hbar k_2}^{\hbar k_2} \mathrm{d}u W_2(u)\rho_{ee}(p + (-1)^l \hbar k_2 + \hbar u) \tag{3.1.7}$$

利用动量族 $F(p)$ 定义各密度矩阵元为

$$\rho_{00}(p) = \langle e_0, p|\boldsymbol{\rho}|e_0, p\rangle$$

$$\rho_{01}(p) = \langle e_0, p|\boldsymbol{\rho}|g_1, p - \hbar k_1\rangle$$

$$\rho_{02}(p) = \langle e_0, p|\boldsymbol{\rho}|g_2, p + (-1)^l \hbar k_2\rangle$$

$$\rho_{11}(p) = \langle g_1, p - \hbar k_1|\boldsymbol{\rho}|g_1, p - \hbar k_1\rangle$$

$$\rho_{22}(p) = \langle g_2, p + (-1)^l \hbar k_2|\boldsymbol{\rho}|g_2, p + (-1)^l \hbar k_2\rangle$$

$$\rho_{12}(p) = \langle g_1, p - \hbar k_1|\boldsymbol{\rho}|g_2, p + (-1)^l \hbar k_2\rangle \tag{3.1.8}$$

并且 $\rho_{ij}(p) = \rho_{ji}^*(p)$（$i, j = 0,1,2$）。考虑所有相干作用与非相干作用，可以得到此系统密度矩阵元的演化方程为

$$\frac{\partial}{\partial t}\rho_{00} = -\frac{\mathrm{i}}{2}\left[g\bar{a}\rho_{10} - g^*\bar{a}^*\rho_{01} + \Omega_2\rho_{20} - \Omega_2^*\rho_{02}\right] - (\gamma_1 + \gamma_2)\rho_{00}$$

$$\frac{\partial}{\partial t}\rho_{01} = -\mathrm{i}\Delta_{01}\rho_{01} - \frac{\mathrm{i}}{2}\left[g\bar{a}(\rho_{11} - \rho_{00}) + \Omega_2\rho_{21}\right] - \frac{(\gamma_1 + \gamma_2)}{2}\rho_{01}$$

$$\frac{\partial}{\partial t}\rho_{02} = -\mathrm{i}\Delta_{02}\rho_{02} - \frac{\mathrm{i}}{2}\left[g\bar{a}\rho_{12} + \Omega_2(\rho_{22} - \rho_{00})\right] - \frac{(\gamma_1 + \gamma_2)}{2}\rho_{02}$$

$$\frac{\partial}{\partial t}\rho_{11} = -\frac{\mathrm{i}}{2}(g^*\bar{a}^*\rho_{01} - g\bar{a}\rho_{10}) + \gamma_1 \int_{-\hbar k_1}^{\hbar k_1} \mathrm{d}u W_1(u)\rho_{00}(p - \hbar k_1 + \hbar u)$$

$$\frac{\partial}{\partial t}\rho_{12} = -\mathrm{i}\Delta_{12}\rho_{12} - \frac{\mathrm{i}}{2}(g^*\bar{a}^*\rho_{02} - \Omega_2\rho_{10})$$

$$\frac{\partial}{\partial t}\rho_{22} = -\frac{\mathrm{i}}{2}(\Omega_2^*\rho_{02} - \Omega_2\rho_{20}) + \gamma_2 \int_{-\hbar k_2}^{\hbar k_2} \mathrm{d}u W_2(u)\rho_{00}\left(p + (-1)^l \hbar k_2 + \hbar u\right) \tag{3.1.9}$$

并且其共轭满足 $\dfrac{\partial}{\partial t}\rho_{ij}(p)=\left(\dfrac{\partial}{\partial t}\rho_{ji}(p)\right)^{*}$（$i,j=0,1,2$），式（3.1.9）中已将 $\rho_{ij}(p)$ 简记为 ρ_{ij}（$i,j=0,1,2$），γ_1 和 γ_2 分别是激发态到两个基态的衰变率。u 为原子自发辐射出的光子沿 $+O_z$ 方向的动量，$W_i(u)$（$i=1,2$）是原子具有沿 O_z 方向的动量 u 的概率函数，其定义为

$$W_i(u)=\frac{3}{8}\frac{1}{\hbar k_i}\left(1+\frac{u^2}{\hbar^2 k_i^2}\right) \tag{3.1.10}$$

引入双光子拉曼过程原子–光场失谐 Δ_2 以及单光子过程的原子–光场失谐 Δ_{0i}（$i=1,2$），即

$$\Delta_{01}=\frac{pk_1}{M}-\frac{\hbar k_1^2}{2M}-\Delta$$

$$\Delta_{02}=-\frac{(-1)^l pk_2}{M}-\frac{\hbar k_2^2}{2M}-\Delta_2$$

$$\Delta_2=\frac{\hbar k_1^2}{2M}-\frac{\hbar k_2^2}{2M}-\frac{p\left[k_1+(-1)^l k_2\right]}{M}+\Delta-\Delta_2 \tag{3.1.11}$$

弱信号光场运动方程式（3.1.4）和密度矩阵元演化方程式（3.1.9）完整地描述了整个系统的演化过程，这其实就是描述速度选择相干布居囚禁（Velocity Selective Coherent Population Trapping，VSCPT）系统的一般形式。

4. 暗态分析

考虑信号光场的经典信息，用平均值 $\bar{a}$ 代替湮灭算符 a 后，可构造两个基态的两个正交线性叠加态为

$$\left|\varPsi_{\mathrm{NC}}(p)\right\rangle=\frac{\left[\varOmega_2\left|g_1,p-\hbar k_1\right\rangle-g\bar{a}\left|g_2,p+(-1)^l \hbar k_2\right\rangle\right]}{\varOmega}$$

$$\left|\varPsi_{\mathrm{C}}(p)\right\rangle=\frac{\left[g^*\bar{a}^*\left|g_1,p-\hbar k_1\right\rangle+\varOmega_2^*\left|g_2,p+(-1)^l \hbar k_2\right\rangle\right]}{\varOmega} \tag{3.1.12}$$

其中，$\varOmega=\left[|g\bar{a}|^2+|\varOmega_2|^2\right]^{\frac{1}{2}}$。这两个态在原子俘获过程中非常重要。态 $\left|\varPsi_{\mathrm{NC}}(p)\right\rangle$ 是两个基态的叠加态，激发态振幅为零，且基态振幅与外加光场成正比。很显然，它在原子与光场的相互作用下是光学不吸收的，与激发态之间无跃迁。态 $\left|\varPsi_{\mathrm{C}}(p)\right\rangle$ 则

可通过原子与光场的相互作用与激发态耦合。

根据式（3.1.2），可推出态 $|\Psi_{NC}(p)\rangle$ 随时间演化的原子布居，即

$$\frac{\mathrm{d}}{\mathrm{d}t}\langle\Psi_{NC}(p)|\rho|\Psi_{NC}(p)\rangle =$$

$$\frac{\mathrm{i}}{\hbar|\Omega|^2}\left[\frac{(p-\hbar k_1)^2}{2M}-\frac{\left(p+(-1)^l\hbar k_2\right)^2}{2M}+\hbar(\Delta_1-\Delta_2)\right]\cdot$$

$$\left[\Omega_2^* g\overline{a}_q\rho_{12}(p)-\Omega_2 g^*\overline{a}_q^*\rho_{21}(p)\right]=$$

$$\mathrm{i}\frac{g\overline{a}_q\Omega_2}{|\Omega|^2}\Delta_2\langle\Psi_{NC}(p)|\hat{\rho}|\Psi_C(p)\rangle+\text{c.c.} \tag{3.1.13}$$

式（3.1.13）表明，在系统哈密顿量（式（3.1.2））的相干作用下，原子将会在态 $|\Psi_{NC}(p)\rangle$ 和 $|\Psi_C(p)\rangle$ 之间以正比于 Δ_2 的频率振荡。因此，如果系统处于双光子拉曼共振情况，即 $\Delta_2=0$，两个态之间的振荡停止，处于态 $|\Psi_{NC}(p)\rangle$ 上的原子将永久保持在该态。原子要选择一定的动量（或速度）才能满足双光子拉曼共振 $\Delta_2=0$，此时原子动量应为

$$p=p_0=\frac{\hbar(k_1^2-k_2^2)+2m(\Delta_1-\Delta_2)}{2\left[k_1+(-1)^l k_2\right]} \tag{3.1.14}$$

一旦原子动量满足式（3.1.14），处于态 $|\Psi_{NC}(p_0)\rangle$ 上的原子将无法从该态逃逸。此外，自发辐射只能使原子单一地从动量族 $F(p)$ 跃迁到族 $F(p_0)$，因此只要原子与光场相互作用的时间足够长，原子就可以最终被俘获在态 $|\Psi_{NC}(p_0)\rangle$ 上。这也是 VSCPT 的本质。从 Δ_2 的表达式以及式（3.1.14）可以发现，如果两束光场具有相同的频率（$k_1=k_2$），与相应原子跃迁失谐相等（$\Delta_1=\Delta_2$）并且两束光场同向传播（$l=1$），双光子拉曼过程的原子与光场失谐 $\Delta_2\equiv0$，表明此时系统无速度选择效应，只要原子处于态 $|\Psi_{NC}(p)\rangle$ 上，对任意动量 p 来说，原子都不能逃逸该态，原子将不能被冷却。

5. 数值模拟与分析

通过对式（3.1.5）以及式（3.1.9）进行数值模拟，观察信号光场的存储与提取效果。考虑两束光场具有相同的频率，$k_1=k_2=k$。采用反弹频率 $\omega_r=\frac{\hbar k^2}{2M}$ 对所有物理量进行标度，各物理量无量纲化为

$$t\omega_{\mathrm{r}} \Rightarrow t$$

$$\frac{p^2}{2M\hbar\omega_{\mathrm{r}}} \Rightarrow p^2$$

$$\frac{\hbar k^2}{2M\omega_{\mathrm{r}}} \Rightarrow k^2$$

$$\frac{g}{\omega_{\mathrm{r}}} \Rightarrow g$$

$$\frac{\Omega_2}{\omega_{\mathrm{r}}} \Rightarrow \Omega_2$$

$$\frac{\Delta_i}{\omega_{\mathrm{r}}} \Rightarrow \Delta_i$$

$$\frac{\gamma_i}{\omega_{\mathrm{r}}} \Rightarrow \gamma_i \qquad\qquad (3.1.15)$$

其中，$i = 1,2$。标度后波数 $k = 1.0$。动量 p 的取值范围为 $-nhk \leqslant p \leqslant nhk$，间隔为 $\delta p = \dfrac{\hbar k}{m}$，$n$ 和 m 均为自然数。n, m 的取值与 VSCPT 系统中的取值满足相同的条件。

在一个稳态 EIT 介质中，信号光场不可能完全被存储。通过绝热地调节强控制光场的强度，可以使弱信号光场在三能级 EIT 原子介质中存储和提取。控制光场随时间同步变化，即

$$\Omega_2(t) = \beta\{1 - 0.5\tanh[0.1(t - t_1)] + 0.5\tanh[0.1(t - t_2)]\} \qquad (3.1.16)$$

其中，β 是函数最大值，反映控制光场的最大光强。β、t_1 和 t_2 都是可控变量。在下面的讨论中，选取 $\beta = 5.0$、$t_1 = 50$ 以及 $t_2 = 150$。控制光场随时间绝热变化如图 3.2 所示，横纵坐标数据均做无量纲化处理。

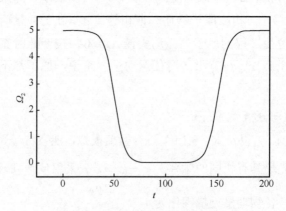

图 3.2　控制光场随时间绝热变化

由于光场传播方向的不同会导致原子反弹运动的不同，因此考虑两束光场同向传播和相向传播两种情况。原子的温度取决于原子动量分布的半宽 Δp，假设初始原子动量分布为高斯分布

$$f(p)=\frac{1}{2\pi}e^{-\frac{(p-p_0)^2}{2\Delta p_0{}^2}} \tag{3.1.17}$$

其中，Δp_0 为原子动量分布的半宽，p_0 为动量分布的中心值，即原子动量分布概率最大处的动量值。

6. 两束光场同向传播

首先，考虑两束光场同向传播的情况（$l=1$）。两束光场与相应原子跃迁共振，$\Delta_1=\Delta_2=0$，激发态 $|e_0,p\rangle$ 到两个基态 $|g_1,p-\hbar k\rangle$ 和 $|g_2,p-\hbar k\rangle$ 的衰变率为 $\gamma_1=\gamma_2=5.0$，耦合常数 $g=2.0$。演化初始阶段信号光场强度很弱，选取 $|\bar{a}|=0.05$。考虑原子质心运动，分析原子动量分布的半宽对系统演化的影响。

假设原子初始处于态 $|\Psi_0(p)\rangle=c_1|g_1,p-\hbar k\rangle-c_2|g_2,p-\hbar k\rangle$，系数 c_1 和 c_2 可调，反映原子处于态 $|g_1,p-\hbar k\rangle$ 和 $|g_2,p-\hbar k\rangle$ 的概率，并且满足 $|c_1|^2+|c_2|^2=1$。原子动量分布满足高斯分布，其半宽表征原子温度。

图 3.3 给出了原子初始处于态 $|\Psi_0(p)\rangle=|g_1,p-\hbar k\rangle$（$c_1=1.0$、$c_2=0$）且原子动量分布半宽 Δp 分别选取不同值的情况下弱信号光场强度随时间演化的曲线，其中，横纵坐标数据均做无量纲化处理。从图 3.3 中可以发现，演化初始阶段信号光场强度快速下降，随后信号光场和控制光场的变化特征类似。根据前面的暗态分析，原子的初始态 $|\Psi_0(p)\rangle=|g_1,p-\hbar k\rangle$ 并不是系统的暗态，系统与两束光场相互作用后，原子将会逐渐由态 $|\Psi_0(p)\rangle$ 跃迁至瞬时暗态 $|\Psi_{NC}(p)\rangle$。由于此时暗态 $|\Psi_{NC}(p)\rangle$ 的系数是时间相关的，由 $\dfrac{\Omega_2(t)}{\Omega(t)}$ 和 $\dfrac{|g\bar{a}(t)|}{\Omega(t)}$ 决定，且 $\Omega(t)=\left[|g\bar{a}(t)|^2+\Omega_2^2(t)\right]^{\frac{1}{2}}$，因此被称之为瞬时暗态。显然，这是一个拉曼过程。原子从信号光场吸收一个光子，然后辐射一个光子至控制光场，从而导致信号光场强度减弱，即 $|\bar{a}|$ 降低。图 3.3 显示了初始阶段信号光场强度演化的详细过程。当控制光场的强度从最大值开始绝热地降低至零时（即 t 处于 t_1 附近），信号光场逐渐地转换给原子相干 $\sum\limits_{p}\rho_{12}(p)$，随后信号光场完全进入光存储阶段（$t_1<t<t_2$）。然而随着控制光场绝热地增加（即 t 处于 t_2 附近），系统开始经历一

个相反的过程，原子相干重新转换给信号光场，信号光场被提取。这就是信号光场存储与提取的整个过程。值得注意的是，图 3.3（a）～图 3.3（c）中，原子动量分布半宽值逐渐减小，演化初始阶段信号光场强度降低幅度也逐渐减小。这说明随着半宽 Δp 的增加，演化初始阶段信号光场强度降低幅度也逐渐增加，原子温度越高越不利于信号光场的存储和提取。

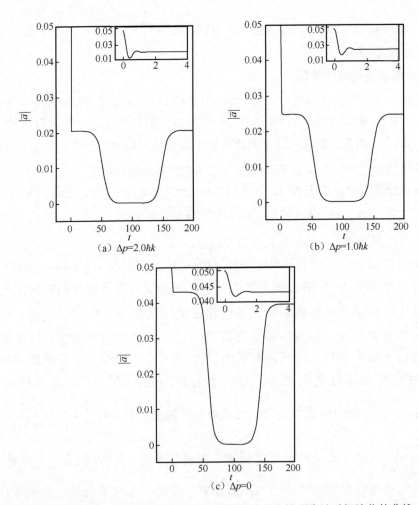

图 3.3　原子初始处于态 $|\Psi_0(p)\rangle = |g_1, p - \hbar k\rangle$ 时弱信号光场强度随时间演化的曲线

　　图 3.4 给出了原子相干 $\sum_p \rho_{12}(p)$ 随时间演化的曲线，所有参量与图 3.3 一致，横纵坐标数据均做无量纲化处理。图 3.3 和图 3.4 很好地说明了控制光场绝热变

化过程中信号光场和原子相干之间的相互转换。信号光场强度逐渐降低至强度完全为零的过程中，原子相干则逐渐增加至最大。信号光场强度逐渐增大时，原子相干则逐渐减小。信号光场和原子相干之间相互转换，其变化过程刚好完全相反。

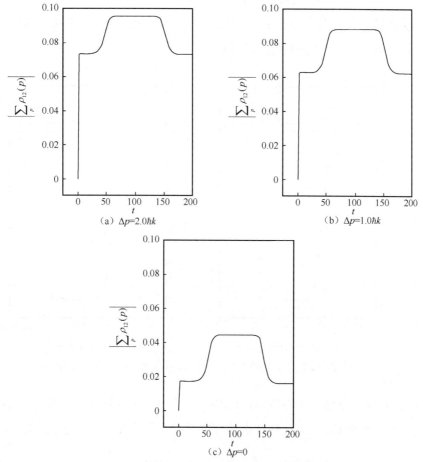

图 3.4　原子相干 $\sum_p \rho_{12}(p)$ 随时间演化的曲线

假设原子初始处于态 $|\Psi_0(p)\rangle = |\Psi_{NC}(p)\rangle$，即系数 $c_1 = \dfrac{\Omega_2(0)}{\Omega(0)}$，$c_2 = \dfrac{g\bar{a}(0)}{\Omega(0)}$，且

$\Omega(0) = \left[|g\bar{a}(0)|^2 + \Omega_2^2(0)\right]^{\frac{1}{2}}$，那么此时原子处于系统的暗态，不与光场相互作用，这意味着原子系统对光场是透明的。倘若控制光场不随时间变化，即 Ω_2 为常量，整个原子系统将始终对光场保持透明，信号光场保持不变。然而如果控制光场随时

间绝热变化（如图 3.2 所示），信号光场也将随着控制光场的变化而完成存储和提取的过程。图 3.5 给出了弱信号光场强度随时间演化的曲线，其中，横纵坐标数据均做无量纲化处理。从图 3.5 可以发现，Δp 值的改变并没有对信号光场的存储和提取造成很大的影响。暗态分析表明，当两束光场同向传播（$l=1$）、具有相同的频率（$k_1 = k_2 = k$）且 $\Delta_1 = \Delta_2$ 时，具有任意动量 p 的态 $|\Psi_{NC}(p)\rangle$ 均为暗态，处于该态的原子无法逃逸。因此对任意半宽 Δp，演化初始阶段原子与光场之间都无相互作用，这有利于信号光场的存储和提取。

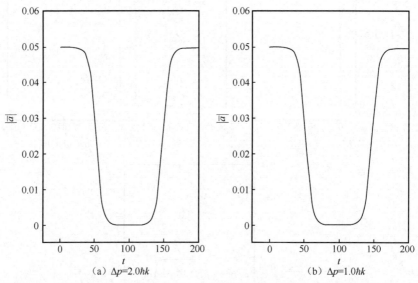

(a) $\Delta p = 2.0\hbar k$ (b) $\Delta p = 1.0\hbar k$

图 3.5　原子初始处于态 $|\Psi_0(p)\rangle = |\Psi_{NC}(p)\rangle$ 时弱信号光场强度随时间演化的曲线

图 3.6 给出了初始处于态 $|\Psi_0(p)\rangle = |\Psi_{NC}(p)\rangle$ 且原子动量分布半宽 $\Delta p = 2.0\hbar k$ 时 $\sum_p \rho_{01}(p)$ 的实部和虚部，其实部和虚部分别对应于原子介质对信号光场的色散和吸收横纵坐标数据均做无量纲化处理。图 3.6（a）表明在控制光场绝热降低（回升）的变化瞬间，原子介质的色散性质（即介质折射率）发生了极大的变化，导致信号光场群速度的减小（增大）。当控制光场绝热为零时，原子介质对信号光场的吸收和色散均为零，系统实现了 EIT 效应。从图 3.6（b）中可清楚地看到，演化初始阶段信号光场无吸收，系统对光场透明。当系统演化至 $t_1(t=50)$ 附近时，信号光场被吸收直至被完全存储。当系统演化至 $t_2(t=150)$ 附近时，信号光场反吸收，能量增加直至被提取。

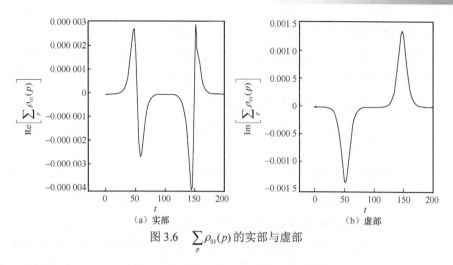

（a）实部　　　　　　　　　　　　　（b）虚部

图 3.6　$\sum_p \rho_{01}(p)$ 的实部与虚部

如果原子初始处于态 $|\Psi_0(p)\rangle = |g_2, p - \hbar k\rangle$，即 $c_1 = 0$ 以及 $c_2 = 1.0$，可以发现一些有趣的效应。系统与两束光场相互作用后，原子将会逐渐由态 $|\Psi_0(p)\rangle = |g_2, p - \hbar k\rangle$ 跃迁至暗态 $|\Psi_{NC}(p)\rangle$。原子从控制光场吸收一个光子，然后辐射一个光子至信号光场，信号光场强度增加，这个过程持续到原子完全聚集在暗态 $|\Psi_{NC}(p)\rangle$。因此在控制光场绝热变化下，信号光场不但可以被存储和提取，在演化初始阶段还可以被放大。图 3.7 清楚地反映了弱信号光场强度随时间演化的曲线，其中，横纵坐标数据均做无量纲化处理。数值结果表明，原子动量分布半宽 Δp 越大，初始阶段信号光场强度的增加幅度也越大。这意味着如果原子初始处于态 $|g_2, p - \hbar k\rangle$，原子温度越高越利于弱信号光场的存储与提取。

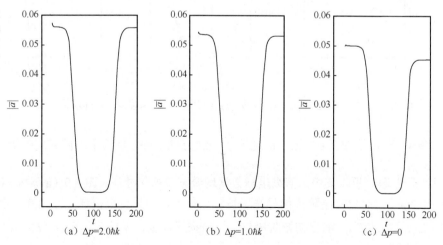

（a）$\Delta p = 2.0 \hbar k$　　　　　　（b）$\Delta p = 1.0 \hbar k$　　　　　　（c）$\Delta p = 0$

图 3.7　原子初始处于态 $|\Psi_0(p)\rangle = |g_2, p - \hbar k\rangle$ 时弱信号光场强度随时间演化的曲线

7．两束光场相向传播

假设两束光场相向传播（$l=2$），整个系统类似于 VSCPT 系统。原子在光场的作用下会不断向暗态 $|\Psi_{NC}(p_0)\rangle$ 聚集，动量 p_0 的具体形式如式（3.1.14）所示。此时信号光场的存储与提取过程比较难获取。

图 3.8 显示了原子初始处于态 $|\Psi_0(p)\rangle=|\Psi_{NC}(p)\rangle$（即 $c_1=\dfrac{\Omega_2(0)}{\Omega(0)}$、$c_2=\dfrac{|g\overline{a}(0)|}{\Omega(0)}$

且 $\Omega(0)=\left[|g\overline{a}(0)|^2+\Omega_2^2(0)\right]^{\frac{1}{2}}$），原子动量分布不同半宽情况下弱信号光场的演化，其中，横纵坐标数据均做无量纲化处理。系统与两束光场相互作用后，在 VSCPT 的作用下，原子将从初始态 $|\Psi_{NC}(p)\rangle$ 向瞬时暗态 $|\Psi_{NC}(p_0)\rangle$ 聚集，信号光场强度降低。从图 3.8 中可以发现，半宽 Δp 越大，演化初始阶段信号光场强度下降幅度越大。图 3.8（c）给出了极限情况，原子具有单一动量 p_0，原子动量分布半宽 $\Delta p=0$，此时原子初始完全处于暗态，演化初始阶段原子系统对光场透明。数值结果表明，信号光场的存储与提取过程对原子俘获动量 p_0 附近半宽 Δp 的变化非常敏感。两束光场相向传播时，要使信号光场获得较好的存储与提取效果，原子温度应越低越好。

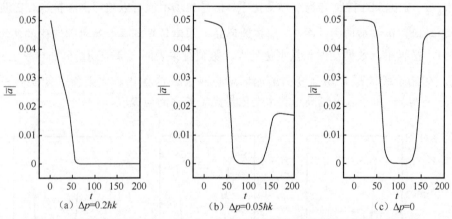

图 3.8　原子初始处于态 $|\Psi_0(p)\rangle=|\Psi_{NC}(p)\rangle$ 时弱信号光场强度随时间演化的曲线

图 3.9 给出了图 3.8 中相应情况下 $\sum\limits_{p}\rho_{01}(p)$ 的虚部，反映了不同温度下原子介质对信号光场的吸收其中，横纵坐标数据均做无量纲化处理。图 3.9（a）中（对应 $\Delta p=0.2\hbar k$），演化初始阶段信号光场被完全吸收，能量完全损耗。图 3.9（b）中（对应 $\Delta p=0.05\hbar k$），演化初始阶段信号光场损耗较少，系统演化至 t_1（$t=50$）附近时，信号光场被吸收，而系统演化至 t_2（$t=150$）附近时，信号光场反吸收，直

至被提取。显然整个过程中信号光场反吸收的能量小于其被吸收的能量，因此提取出的信号光场强度低于其初始强度。图 3.9（c）中（对应 $\Delta p = 0$），初始系统对信号光场透明，信号光场无损耗。之后信号光场反吸收的能量与其被吸收的能量相当，信号光场得到了很好的存储与提取。

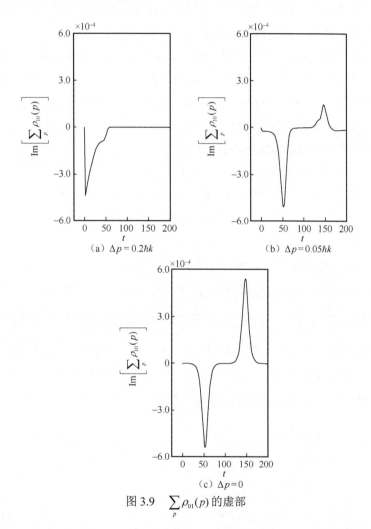

图 3.9　$\sum\limits_{p}\rho_{01}(p)$ 的虚部

当两束光场相向传播时，在光场以及自发辐射的作用下，原子将不断地向动量为 p_0 的暗态 $\left|\Psi_{\mathrm{NC}}(p_0)\right\rangle$ 聚集。由于暗态 $\left|\Psi_{\mathrm{NC}}(p_0)\right\rangle$ 只具有单一动量，因此与两光场同向传播的情形相比，在 VSCPT 过程中信号光场将会损失更多能量。原子初始处于非暗态时，信号光场的能量很快就会完全损耗，以致无法获得其存储与提取的效果。为了获得较好的存储与提取效果，初始原子应尽量接近暗态 $\left|\Psi_{\mathrm{NC}}(p_0)\right\rangle$。

3.1.2 热原子介质中多模弱信号光场的存储

本节同样以 3.1.1 节处理热原子问题的方法，将原子热运动的动量作为新的自变量，在原子内、外部自由度空间考虑问题。假设原子热运动的初始动量分布服从高斯分布，原子在吸收或辐射光子时能感受到自身状态在反弹作用下的变化，从而由原子热运动引起的多普勒效应以及原子自旋相干的解相效应对信号光场的存储与提取的影响就自然而然地被考虑到本书模型中。同样以 Λ 型三能级原子系统为例，分析多模弱信号光场的存储效果与原子动量分布的宽度（原子温度）之间的关系，并与 Raman-Nath 近似下的结果进行对比。

1. 多模弱信号光场与原子相互作用模型

本节所用的存储介质包含 N 个完全相同并且空间分布均匀的原子，每个原子包括一个激发态 $|e\rangle$ 和两个基态 $|g\rangle$ 和 $|s\rangle$，构成 Λ 型三能级原子系统，其与光场的相互作用如图 3.10 所示。其中，$\{a_q\}$ 是信号脉冲的一系列模式，$\{|g, p-\hbar(k+q)\rangle\}$ 是 q 表征的一系列的基态。q 模信号光只对应于原子跃迁 $|g, p-\hbar(k+q)\rangle \leftrightarrow |e, p\rangle$。$l$ 表示强控制光场传播方向。一束中心频率为 ω_1（波数为 k_1）的弱信号脉冲沿 $+O_z$ 方向传播，与原子跃迁 $|e\rangle \leftrightarrow |g\rangle$ 耦合，此弱信号脉冲将被存储到原子介质中，其传播方程近似满足 $c\dfrac{\partial a}{\partial z} + \dfrac{\partial a}{\partial t} = \dfrac{\mathrm{i}}{2}\eta N\rho_{ge}$，其中，$a$ 为弱探测光场的强度包络，ρ_{ge} 为集体原子密度算符，其定义式详见式（3.1.18）；另一束频率为 ω_2（波数为 k_2）的强控制光与原子跃迁 $|e\rangle \leftrightarrow |s\rangle$ 耦合，当 $l=1$ 时，强控制光场与弱信号脉冲同向传播，当 $l=2$ 时，强控制光场与弱信号脉冲相向传播。

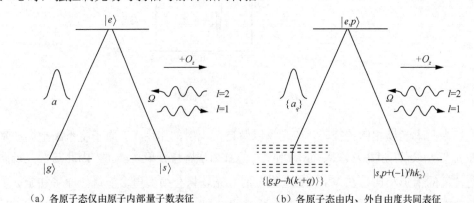

（a）各原子态仅由原子内部量子数表征　　　（b）各原子态由内、外自由度共同表征

图 3.10 Λ 型三能级原子系统与光场相互作用

2. 系统哈密顿量

在本问题中，由于信号脉冲非常弱，可看作一束量子化光场，可表示为

$$a(z,t) = \sum_q a_q(t)\exp(\mathrm{i}qz) \tag{3.1.18}$$

其中，a_q 是弱信号脉冲作傅里叶变换得到的第 q 个模式的湮灭算符，满足 $[a_q, a_{q'}^\dagger] = \delta_{qq'}$。强控制光场由于足够强可看作经典光场。在电偶极近似和旋波近似下，系统哈密顿量 H 可表示为

$$H = H_A + V$$

$$H_A = \sum_q \hbar\omega_q a_q^\dagger a_q + \sum_{j=1}^N \left(\frac{P_j^2}{2M_j} + \Delta_{1j}|g\rangle_{jj}\langle g| + \Delta_{2j}|s\rangle_{jj}\langle s| \right)$$

$$V = \frac{\hbar}{2} \sum_{j=1}^N \left\{ \sum_q \eta_{qj}^* a_q^\dagger |g\rangle_{jj}\langle e| \exp\left[-\mathrm{i}(k_1 + q)z_j\right] + \Omega^*|s\rangle_{jj}\langle e| \exp[\mathrm{i}(-1)^l k_2 z_j] \right\} + \mathrm{H.c.}$$

$$\tag{3.1.19}$$

其中，H_A 为原子自由哈密顿量，V 为原子与光场相互作用哈密顿量。$\omega_q = cq$ 为信号脉冲的第 q 个模式的频率与中心频率 ω_1 的失谐。P_j 和 M_j 为第 j 个原子的动量算符和质量，$\Delta_{ij}(i=1,2)$ 为第 j 个原子的第 i 个原子跃迁频率与对应的光场频率 ω_i 的失谐。$\eta_{qj}(\Omega_j)$ 为与第 j 个原子对应跃迁偶合的弱探测光场的第 q 个模式的耦合常数（强控制光场的拉比频率）。H.c. 为共轭。因为已假设所有原子完全相同，在下面讨论中将省略角标 j，即 $M = M_j$，$\Delta_i = \Delta_{ij}$，$\eta_q = \eta_{qj}$，$\Omega = \Omega_j$。

考虑平移算子的傅里叶变换，$\exp(\pm\mathrm{i}qz) = \sum_p |p \pm \hbar k\rangle\langle p|$，相互作用哈密顿量 V 可写为

$$V = \frac{\hbar}{2} \sum_{j=1}^N \sum_p \left\{ \sum_q \eta_q^* a_q^\dagger |g, p - \hbar(k_1 + q)\rangle_{jj}\langle e, p| + \Omega^*(t)|s, p + (-1)^l \hbar k_2\rangle_{jj}\langle e, p| \right\} + \mathrm{H.c.}$$

$$\tag{3.1.20}$$

与单模弱信号光的存储与提取情况一样，此处引入一个动量族 $F(p) = \left\{ |e,p\rangle, \{|g, p - \hbar(k_1 + q)\rangle\}_q, |s, p + (-1)^l \hbar k_2\rangle \right\}$，其中，$\{|g, p - \hbar(k_1 + q)\rangle\}_q$ 是 q 表征的一系列的基态，弱信号光场的第 q 个模式只与原子跃迁 $|g, p - \hbar(k_1 + q)\rangle \leftrightarrow |e, p\rangle$ 耦合，如图 3.10（b）所示。在相互作用哈密顿量 V 的作用下，动量族 $F(p)$ 是封闭的。

构造集体相干叠加态，其形式为

$$
\left|\Psi(p)\right\rangle_{ds} = \frac{\dfrac{1}{N}\displaystyle\sum_{j=1}^{N}\left\{\sum_{q}\left[\Omega(t)\left|g,p-\hbar(k_1+q)\right\rangle_j - \eta_q\bar{a}_q\left|s,p+\hbar(-1)^l k_2\right\rangle_j\right]\right\}}{\Omega'(t)}
\tag{3.1.21}
$$

其中，$\Omega'(t) = \displaystyle\sum_q\left[\left|\Omega(t)\right|^2 + \left|\eta_q\bar{a}_q\right|^2\right]^{\frac{1}{2}}$，满足 $V\left|\Psi(p)\right\rangle_{ds} = 0$。要使处于态 $\left|\Psi(p)\right\rangle_{ds}$ 上的原子不再被激发而永远处于此态上，即满足暗态的条件，则原子动量应满足

$$
p = p_0 = \frac{\hbar\left[(k_1+q)^2 - \left((-1)^l k_2\right)^2\right] + 2M(\Delta - \Delta_2)}{2\left(k_1 + q + (-1)^l k_2\right)}
\tag{3.1.22}
$$

从式（3.1.22）可以发现，动量 p_0 与弱信号光场的模式 q 有关，不存在单一的动量使所有的信号光模式同时处于暗态上。因此，在考虑原子热运动后，会导致原子在不同的动量族间跃迁。要想使所有的信号光模式同时满足暗态条件，则只有在 Raman-Nath 近似下，即假设每个原子质量都无穷大，则动能算子对哈密顿量式（3.1.20）的贡献就可以忽略，对于所有的信号光模式，此时的态 $\left|\Psi(p)\right\rangle_{ds}$ 才是真正的暗态。

根据原子的动量将所有的原子分群，这样就可以交换对原子数 j 和对动量 p 求和的顺序，从而引入 p 相关的集体原子跃迁算符。

$$
\sigma_{\alpha\beta}(p,p') \equiv \frac{1}{N}\sum_{j=1}^{N}\left|\alpha_j,p\right\rangle\left\langle\beta_j,p'\right|, \ \alpha,\beta = g,s,e
\tag{3.1.23}
$$

此时，相互作用哈密顿量 V 可以写为

$$
V = \frac{\hbar}{2}N\sum_p\left[\sum_q\eta_q^* a_q^\dagger\sigma_{ge}\left(p-\hbar(k_1+q),p\right) + \Omega(t)\sigma_{se}\left(p+\hbar(-1)^l k_2,p\right)\right] + \text{H.c.}
\tag{3.1.24}
$$

3. 系统密度矩阵元的演化方程

整个系统的演化可以用主方程来描述，系统的密度矩阵 $\boldsymbol{\rho}$ 满足

$$
\frac{\mathrm{d}}{\mathrm{d}t}\boldsymbol{\rho} = -\frac{\mathrm{i}}{\hbar}[H,\boldsymbol{\rho}] + \mathcal{L}\boldsymbol{\rho}
\tag{3.1.25}
$$

其中，$\mathcal{L}\boldsymbol{\rho}$ 表示该原子系统的弛豫衰变，其对密度矩阵元的贡献如式（3.1.7）所示。

为了方便书写，在下面讨论中，将各密度矩阵元简记为

$$\rho_{ee}(p) \equiv \rho_{ee}(p,p)$$

$$\rho_{se}(p) \equiv \rho_{se}\left(p + \hbar(-1)^l k_2, p\right)$$

$$\rho_{g(q)e}(p) \equiv \rho_{ge}\left(p - \hbar(k_1 + q), p\right)$$

$$\rho_{g(q)s}(p) \equiv \rho_{ge}\left(p - \hbar(k_1 + q), p + \hbar(-1)^l k_2\right)$$

$$\rho_{g(q)g(q')}(p) \equiv \rho_{gg}\left(p - \hbar(k_1 + q), p - \hbar(k_1 + q')\right) \qquad (3.1.26)$$

则系统各密度矩阵元的演化方程为

$$\frac{\partial \rho_{ee}(p)}{\partial t} = -\left(\gamma_1 + \gamma_2\right)\rho_{ee}(p) - \frac{\mathrm{i}}{2}\left[\Omega^* \rho_{se}(p) - \Omega \rho_{es}(p)\right]$$

$$- \frac{\mathrm{i}}{2}\sum_q \left[\eta_q^* a_q^\dagger \rho_{g(q)e}(p) - \eta_q a_q \rho_{eg(q)}(p)\right]$$

$$\frac{\partial \rho_{eg(q)}(p)}{\partial t} = -\left[\frac{\gamma_1 + \gamma_2}{2} + \mathrm{i}\Delta_{eg(q)}(p)\right]\rho_{eg(q)}(p) - \frac{\mathrm{i}}{2}\Omega^* \rho_{sg(q)}(p)$$

$$- \frac{\mathrm{i}}{2}\left[\sum_{q'}\eta_{q'}^* a_{q'}^\dagger \rho_{g(q')g(q)}(p) - \eta_q^* a_q^\dagger \rho_{ee}(p)\right]$$

$$\frac{\partial \rho_{es}(p)}{\partial t} = -\left[\frac{\gamma_1 + \gamma_2}{2} + \mathrm{i}\Delta_{es}(p)\right]\rho_{es}(p) - \frac{\mathrm{i}}{2}\Omega^*\left[\rho_{ss}(p) - \rho_{ee}(p)\right]$$

$$- \frac{\mathrm{i}}{2}\sum_{q'}\eta_{q'}^* a_{q'}^\dagger \rho_{g(q')s}(p)$$

$$\frac{\partial \rho_{g(q)g(q')}(p)}{\partial t} = -\mathrm{i}\delta\left(p - \hbar(k_1 + q), p - \hbar(k_1 + q')\right)$$

$$- \frac{\mathrm{i}}{2}\left[\eta_q a_q \rho_{eg(q')}(p) - \eta_{q'}^* a_{q'}^\dagger \rho_{g(q)e}(p)\right]$$

$$+ \gamma_1 \int_{-\hbar k_1}^{\hbar k_1} \mathrm{d}u\, W_1(u)\delta_{qq'}\rho_{ee}\left(p - \hbar(k_1 + q) + \hbar u, p - \hbar(k_1 + q') + \hbar u\right)$$

$$\frac{\partial \rho_{ss}(p)}{\partial t} = -\frac{\mathrm{i}}{2}\Omega\left[\rho_{es}(p) - \rho_{se}(p)\right]$$

$$+ \gamma_2 \int_{-\hbar k_2}^{\hbar k_2} \mathrm{d}u\, W_2(u)\rho_{ee}\left(p + \hbar(-1)^l k_2 + \hbar u, p + \hbar(-1)^l k_2 + \hbar u\right)$$

$$\frac{\partial \rho_{g(q)s}(p)}{\partial t} = -\mathrm{i}\Delta_{g(q)s}\left(p(q), p\right)\rho_{g(q)s}(p) - \frac{\mathrm{i}}{2}\left[\eta_q a_q \rho_{es}(p) - \Omega^* \rho_{g(q)e}(p)\right] \qquad (3.1.27)$$

以及其共轭项 $\frac{\partial \rho_{\alpha\beta}(p)}{\partial t} = \left(\frac{\partial \rho_{\beta\alpha}(p)}{\partial t} \right)^*$，其中 $\alpha, \beta = e, g(q), s$。式（3.1.27）中，$\gamma_1 (\gamma_2)$ 是激发态 $|e\rangle$ 到基态 $|g\rangle$（$|s\rangle$）的衰变率，函数 $W_i(\mu), i = 1, 2$ 表示自发辐射的光子沿 $+O_z$ 方向动量为 μ 的分布概率，如式（3.1.10）所示，自发辐射导致的原子在不同族间的跃迁过程与 3.1.1 节中讨论的情况一样，因此不再赘述。当 $q = q'$ 时，$\delta_{qq'} = 1$，否则 $\delta_{qq'} = 0$。$\Delta_{eg(q)}(p)$，$\Delta_{es}(p)$ 和 $\Delta_{g(q)s}(p)$ 是引入的多普勒频移相关的失谐，其定义式为

$$\delta(p, p') = \frac{p^2}{2M\hbar} - \frac{p'^2}{2M\hbar}$$

$$\Delta_{eg(q)}(p) = \delta(p, p - \hbar(k_1 + q)) - \Delta_1$$

$$\Delta_{es}(p) = \delta(p, p + (-1)^l \hbar k_2) - \Delta_2$$

$$\Delta_{g(q)s}(p) = \delta(p - \hbar(k_1 + q), p + (-1)^l \hbar k_2) + \Delta_1 - \Delta_2 \tag{3.1.28}$$

弱信号光场在原子介质中的运动方程可以用海森伯方程 $i\hbar \frac{\partial a}{\partial t} = -[H, a]$ 来描述，根据系统哈密顿量，第 q 个模式的演化方程可表示为

$$\frac{\partial a_q}{\partial t} = -i\omega_q a_q - \frac{i}{2} \eta_q^* N \sum_p \rho_{g(q)e}(p) \tag{3.1.29}$$

式（3.1.27）和式（3.1.29）共同描述了此系统的演化。接下来，将根据对上述方程的数值模拟结果来分析原子热运动对弱信号脉冲存储与提取的影响。

4．数值模拟结果与讨论

在半经典近似下，本节直接将式（3.1.27）和式（3.1.29）中的 a_q 用它们的期望值 $\bar{a}_q$ 代替，并给出数值模拟结果。因为在静态 EIT 中不可能使一束光脉冲完全存储，因此，选择一个时间相关的强控制光场，表示为

$$\Omega(t) = \Omega_0 \{ 1 - 0.5\tanh[\theta(t - t_1)] + 0.5\tanh[\theta(t - t_2)] \} \tag{3.1.30}$$

强控制光场随时间绝热演化曲线如图 3.11 所示，其中，$\Omega_0 = 5.0, \theta = 0.15$，$t_1 = 22, t_2 = 78$，横纵坐标数据均做无量纲化处理。

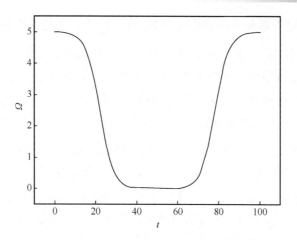

图 3.11　强控制光场随时间绝热演化曲线

假设初始弱信号脉冲为一高斯波包，即

$$\bar{a}_q(t)\big|_{t=0} = \bar{a}_0 \exp\left[-\left(\frac{q}{\sigma}\right)^2\right] \qquad (3.1.31)$$

其中，σ 是高斯脉冲的半宽，$\bar{a}_0$ 是中心模强度。同样，假设初始原子动量分布也是一高斯分布，详见式（3.1.17）。

在数值模拟中，同样用反弹频率（$\omega_r = \dfrac{\hbar k^2}{2M}$）对所有的参量和变量进行了标度，详细标度方式如式（3.1.15）所示。并假设初始原子均处于基态 $|g\rangle$。本节主要目的是讨论原子热运动对弱信号脉冲存储与提取的影响。因此，为了简化，主要考查简并共振情况，即 $\Delta_1 = \Delta_2 = 0$，$k_1 = k_2 = k$。并选择公共参量 $\gamma_1 = \gamma_2 = 5.0$，$\eta_q = \eta = 5.0$，$\bar{a}_0 = 0.05$，$\sigma = 0.2$。

首先，观察两光场同向（$l = 1$）传播情况。图 3.12 给出了在不同初始动量分布半宽情况下弱信号光场强度随时间演化的曲线，横纵坐标数据均做无量化处理。从图 3.12 中可以看出，随着强控制光场的绝热减小，弱信号脉冲被映射到原子自旋相干（$\sum\limits_p \rho_{g(q)s}(p)$）；随着强控制光场的绝热增大，弱信号脉冲从原子自旋相干中被提取，实现了弱信号脉冲的可逆存储。与不考虑原子热运动情况相比，在此模型中提取的弱信号脉冲的强度和宽度都被降低了，动量半宽 Δp_0 越大，降低的幅度越明显，例如，当 $\Delta p_0 = 10.0\hbar k$ 时，如图 3.12（c）所示，被提取的信号光场已经很弱了。在演化的初始阶段，信号脉冲快速下降。这是因为当打开信号脉冲后，处于

态$|g\rangle$的原子通过受激拉曼通道旋转到态$|\Psi(p)\rangle_{ds}$上，在这非常短的瞬态过程中，原子吸收光子到达激发态，随后通过自发辐射随机地跃迁回两个基态，从而造成信号光场能量的损失。在随后的演化过程中，弱信号脉冲的强度和宽度继续下降是由于吸收造成的。在第一次拉曼双光子过程中，由于动量守恒，大小为$\left[k_1+q+(-1)^l k_2\right]\hbar$的光子动量被转移到原子，而原子热运动在建立 EIT 过程中起到了失相作用。在式(3.1.21)中已经分析了原子热运动相关的暗态只有在 Raman-Nath 近似下才是真正的暗态。Δp_0越大，动能算子的负作用越严重，信号光场强度下降得就越快，如图 3.12（d）所示，图 3.12（d）满足 Raman-Nath 近似，其他参量与图 3.12（c）完全一样。这证明了无论Δp_0取多大，只要满足 Raman-Nath 近似，弱信号光场的提取效果都如图 3.12（c）一样。

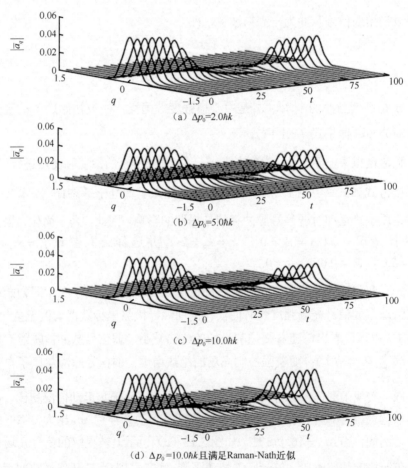

(a) $\Delta p_0 = 2.0\hbar k$

(b) $\Delta p_0 = 5.0\hbar k$

(c) $\Delta p_0 = 10.0\hbar k$

(d) $\Delta p_0 = 10.0\hbar k$且满足 Raman-Nath 近似

图 3.12　$l=1$ 时，在不同初始动量分布半宽情况下弱信号光场强度随时间演化的曲线

接下来，观察两光场相向传播（$l = 2$）情况。图 3.13 给出了在不同初始动量分布半宽情况下弱信号光场强度随时间演化的曲线，横纵坐标数据均做无量纲化处理。从图 3.13 中可以看出两光场相向传播情况不适合用于光存储与提取。在提取过程结束前，弱信号脉冲已被介质吸收得非常多，能量损失非常严重。动量半宽 Δp_0 越大，弱信号脉冲能量损耗越严重。例如，当 $\Delta p_0 = 2.0\hbar k$ 时，如图 3.13（c）所示，已经无信号脉冲提取。原因同同向传播情况一样，只是在相向传播情况下，由原子热运动引起的负效应得到加强（如式（3.1.32）所示）。结果表明，相向传播情况对原子热运动非常敏感，不适合用于光信息的可逆存储。图 3.13（d）是在 Raman-Nath 近似下得到的，其他参量与图 3.13（c）完全一样。这进一步证明了原子动能算子对光信息可逆存储的负作用。

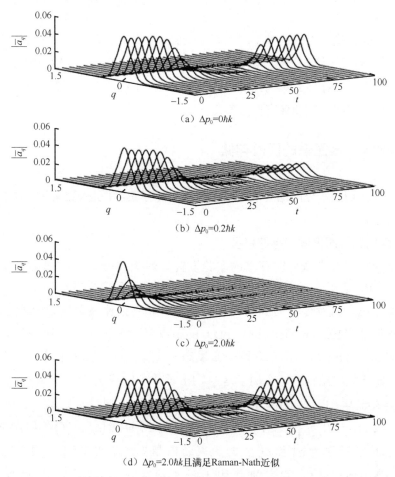

（a）$\Delta p_0 = 0\hbar k$

（b）$\Delta p_0 = 0.2\hbar k$

（c）$\Delta p_0 = 2.0\hbar k$

（d）$\Delta p_0 = 2.0\hbar k$ 且满足 Raman-Nath 近似

图 3.13　$l=2$ 时，在不同初始动量分布半宽情况下弱信号光场强度随时间演化的曲线

通过上面的分析可以看到，两束光场同向传播模型满足多普勒自由条件，是光信息的可逆存储的选择。尽管如此，考虑原子热运动，严格地来说也只有中心模 ω_1 满足多普勒自由条件，模式 q 离中心模越远，多普勒频移效应越明显，此模式的光子能量损失就越严重。在实际的实验过程中，为了有效降低弱信号脉冲的能量损失，用超冷原子（减小原子热运动引起的负作用）或者选择质量尽可能大的原子（近似满足 Raman-Nath 近似）作为存储光信息的介质，并将两束光场设置为同向传播，是研究人员可以考虑的有效途径。

3.2 二维图像的存储

为了提高光信息处理的效率和速率，二维图像在原子或掺杂固体等介质中的存储被相继提出，并得到广泛且深入的研究，通过存储傅里叶变换后的图像或引入光学移相当刻技术等存储方案的性能得到显著提升。下面，介绍两个基于交叉相位调制和微波场调制的二维图像存储方案。

3.2.1 两幅二维图像的同时存储

本节基于 EIT 效应讨论两幅二维图像的同时存储，并引入交叉相位调制提高存储模型的性能。

1. 两幅二维图像同时存储模型

实现两幅二维图像同时存储的实验设置如图 3.14 所示，二维磁光阱中的雪茄形状的 ^{87}Rb 原子作为存储介质。在存储介质的正后方放置一焦距为 f 的透镜作为成像系统。从存储介质到两幅二维图像 P_1 和 P_2 的距离分别是 z_o^1 和 z_o^2，到两台光子探测器（Photon Detector，PD）的距离分别是 z_i^1 和 z_i^2。原子与光场相互作用如图 3.14（b）所示，包含两个激发态（$|e\rangle$、$|f\rangle$）和 3 个基态（$|1\rangle$、$|2\rangle$、$|3\rangle$）。构建此能级结构的一个例子是：^{87}Rb 原子中的能级 $|5S_{1/2}, F=2, m_F=-2\rangle$、$|5S_{1/2}, F=3, m_F=-3\rangle$、$|5S_{1/2}, F=3, m_F=-1\rangle$ 对应于能级 $|1\rangle$、$|2\rangle$、$|3\rangle$，$|5P_{1/2}, F'=2, m_F=-2\rangle$、$|5P_{3/2}, F'=3, m_F=-2\rangle$ 对应于能级 $|e\rangle$、$|f\rangle$。假设拉比频率为 Ω_p^1 和 Ω_p^2（频率为 ω_p^1 和 ω_p^2）的两束弱探测光透过 P_1 和 P_2 后的空间轮廓为 $E_p^1(x_o, y_o)$ 和 $E_p^2(x_o, y_o)$，并分别作用于跃迁频率分别为 ω_{e1} 和 ω_{e2} 的原子跃迁

$|1\rangle \leftrightarrow |e\rangle$ 和 $|2\rangle \leftrightarrow |e\rangle$，拉比频率为 Ω_c 和 Ω_s（频率为 ω_c 和 ω_s）强耦合光场和信号光场分别作用于原子跃迁频率为 ω_{e3} 和 ω_{f3} 的原子跃迁 $|3\rangle \leftrightarrow |e\rangle$ 和 $|3\rangle \leftrightarrow |f\rangle$。

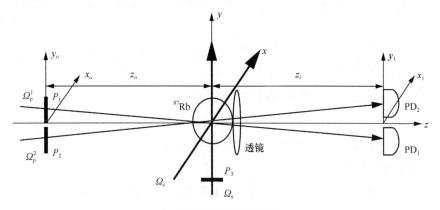

（a）两幅图像同时存储与提取

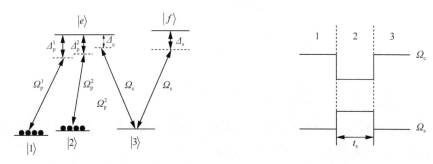

（b）原子与光场相互作用　　　　　（c）耦合光场和信号光场随时间变化

图 3.14　实现两幅二维图像同时存储的实验设置

2. 系统哈密顿量

在相互作用绘景中，基于电偶极近似和旋波近似，系统的哈密顿量可以写为

$$H_{int} = -\hbar \left[\Delta_p^1 |1\rangle\langle 1| + \Delta_p^2 |2\rangle\langle 2| + \Delta_c |3\rangle\langle 3| + (\Delta_c - \Delta_s)|f\rangle\langle f| \right]$$

$$- \frac{\hbar}{2} \left[\Omega_p^1 |e\rangle\langle 1| + \Omega_p^2 |e\rangle\langle 2| + \Omega_c |e\rangle\langle 3| + \Omega_s |f\rangle\langle 3| + \text{H.c.} \right] \quad (3.2.1)$$

其中，$\Delta_p^j = \omega_{ej} - \omega_p^j$（$j=1$ 对应探测光场 Ω_p^1，$j=2$ 对应探测光场 Ω_p^2），$\Delta_c = \omega_{e3} - \omega_c$ 和 $\Delta_s = \omega_{f3} - \omega_3$ 分别为耦合光场和信号光场与对应能级跃迁的失谐。

根据参考文献[37]，光场与三脚架型原子系统相互作用模型存在两个暗态极化子 Ψ_1 和 Ψ_2，分别为

$$\Psi_j(x,y,t) = \cos[\theta_j(t)]\Omega_p^j(x,y,t) - \sin[\theta_j(t)]\sqrt{\kappa_j}\rho_{3j}(x,y,t) \quad (3.2.2)$$

其中，$j=1,2$，ρ_{3j} 是态 $|3\rangle$ 与态 $|j\rangle$ 之间密度矩阵元，$\cos[\theta_j(t)] = \dfrac{\Omega_c(t)}{\sqrt{\Omega_c^2(t)+\kappa_j}}$，

$\sin[\theta_j(t)] = \dfrac{\sqrt{\kappa_j}}{\sqrt{\Omega_c^2(t)+\kappa_j}}$，$\kappa_j = \dfrac{3n(\lambda_p^j)^2\gamma c}{8\pi}$，$n$ 是原子密度，λ_p^j 是第 j 束探测光的波

长，c 是真空中光速，γ 是光学跃迁的自然线宽。

两个暗态极化子保证了此系统可以同时存储两束探测光场，并且可逆存储过程是相干的，不存在由于开关过程引起的相位跳变和相移。

3. 系统演化方程

原子介质的演化可由系统密度矩阵元满足的主方程来描述，其形式为

$$\frac{\partial\rho}{\partial t} = \frac{1}{i\hbar}[H_{int},\rho] +$$

$$\sum_{l=e,f}\sum_{q=1-3}\frac{\Gamma'_{lq}}{2}[2\sigma_{ql}\rho\sigma_{lq}-(\sigma_{ll}\rho+\rho\sigma_{ll})] +$$

$$\sum_{t=e,f,2,3}\frac{\gamma_t^{deph}}{2}[2\sigma_{tt}\rho\sigma_{tt}-(\sigma_{tt}\rho+\rho\sigma_{tt})] \quad (3.2.3)$$

其中，$\sigma_{xy}=|x\rangle\langle y|$（$x,y=e,f,1,2,3$）是原子的投影算符，$\Gamma'_{lq}$ 是原子从激发态 $|l\rangle$ 到基态 $|q\rangle$ 的自发辐射衰变率，γ_t^{deph} 是失相率。

在 ^{87}Rb 原子介质处，探测光场的空间分布来自两幅图像的夫琅禾费衍射，可以写为

$$E_p^j(x,y) = \iint_{-\infty}^{+\infty} E_p^j(x_o,y_o)h_j(x,x_o;y,y_o;z_o^j)\mathrm{d}x_o\mathrm{d}y_o \quad (3.2.4)$$

其中，$E_p^j(x_o,y_o)$ 表示待存储的第 j 幅图像的轮廓，$h_j(x,x_o;y,y_o;z_o^j) = \dfrac{\exp(ik_p^j z_o^j)}{i\lambda_p^j z_o^j}\exp\left\{\dfrac{ik_p^j\left[(x-x_o)^2+(y-y_o)^2\right]}{2z_o^j}\right\}$ 是第 j 束探测光场的脉冲响应函数，k_p^j

（$\lambda_p^j = \dfrac{2\pi}{k_p^j}$）是对应的波数（波长）。

根据光场的时序顺序，如图 3.14（c）所示，整个存储和提取过程可以分为 3 个阶段。在第一阶段，假设所有原子平均泵浦到能级 $|1\rangle$ 和能级 $|2\rangle$，携带图像信息的两束弱探测光场和强耦合光场进入原子介质后生成两个慢速传播的暗态极化

子 Ψ_1 和 Ψ_2。通过绝热地关闭耦合光场，暗态极化子 Ψ_1(Ψ_2)转变为原子自旋相干 ρ_{31}(ρ_{32})。根据参考文献[28]，ρ_{31}(ρ_{32})正比于 $E_p^1(x,y)$($E_p^2(x,y)$)，继承了两束探测光场携带的强度和相位信息。

在第二阶段，即耦合光场已经完全关闭，一束强度调制的信号光场施加于原子跃迁 $|3\rangle \leftrightarrow |f\rangle$，并将显著影响原子密度矩阵元 ρ_{31} 和 ρ_{32} 的演化。由信号光场诱导的交叉相位调制在 ρ_{31} 和 ρ_{32} 上施加的强度调制和相移，可以通过求解系统的光学布洛赫方程得到。相关方程如下。

$$\frac{d\rho_{3j}}{dt} = -i\left[(\varDelta_p^j - \varDelta_c)\rho_{3j} - \frac{\varOmega_s^*(x,y)}{2}\rho_{fj}\right] - \gamma_{3j}\rho_{3j}$$

$$\frac{d\rho_{fj}}{dt} = -i\left[(\varDelta_p^j - \varDelta_c + \varDelta_s)\rho_{fj} - \frac{\varOmega_s(x,y)}{2}\rho_{3j}\right] - \frac{\varGamma_{fj}}{2}\rho_{fj} \tag{3.2.5}$$

其中，$j=1,2$，相干衰变率定义为 $\gamma_{31} = \frac{\gamma_3^{deph}}{2}$，$\gamma_{32} = \frac{(\gamma_2^{deph} + \gamma_3^{deph})}{2}$，$\varGamma_{f1} = \varGamma'_{f1} + \varGamma'_{f2} + \varGamma'_{f3} + \gamma_f^{deph}$，$\varGamma_{f2} = \varGamma'_{f1} + \varGamma'_{f2} + \varGamma'_{f3} + \gamma_f^{deph} + \gamma_2^{deph}$。

假设信号光场持续的时间为 t_s 并保持不变，即 $\varOmega_s$ 为常数，通过求解式（3.2.5），密度矩阵元 ρ_{3j} 的形式为

$$\rho_{3j}(x,y,t_s) = \rho_{3j}(x,y,0) \cdot$$

$$\exp\left\{-\frac{\left[\gamma_{3j} + i(\varDelta_p^j - \varDelta_c)\right]\left[\frac{\varGamma_{fj}}{2} + i(\varDelta_p^j - \varDelta_c + \varDelta_s)\right] + \frac{|\varOmega_s(x,y)|^2}{4}}{\frac{\varGamma_{fj}}{2} + i(\varDelta_p^j - \varDelta_c + \varDelta_s)}t_s\right\} \tag{3.2.6}$$

需要强调的是，式（3.2.6）忽略了所有无关的相位因子。从式（3.2.6）可以看出，密度矩阵元 ρ_{3j}($j=1,2$) 受到信号光场强度和持续时间的调制，并将影响提取探测光场的相位和强度。将信号光场施加给密度矩阵元 ρ_{3j} 的相移因子和振幅衰减因子分别定义为 ϕ_j 和 α_j，其具体形式为

$$\phi_j = -\left[(\varDelta_p^j - \varDelta_c) - \frac{|\varOmega_s(x,y)|^2(\varDelta_p^j - \varDelta_c + \varDelta_s)}{\varGamma_{fj}^2 + 4(\varDelta_p^j - \varDelta_c + \varDelta_s)^2}\right]t_s$$

$$\alpha_j = \left[\gamma_{3j} + \frac{|\varOmega_s(x,y)|^2}{\varGamma_{fj}^2 + 4(\varDelta_p^j - \varDelta_c + \varDelta_s)^2}\frac{\varGamma_{fj}}{2}\right]t_s \tag{3.2.7}$$

从而，式（3.2.6）可以写为

$$\rho_{3j}(x,y,t_s) = \rho_{3j}(x,y,0)\exp(-\alpha_j + i\phi_j) \tag{3.2.8}$$

从式（3.2.7）和式（3.2.8）可以看出，随着信号光场的变化，相移因子 ϕ_j 与振幅衰减因子 α_j 线性相关，也就是说为了获得更大的相移，必须承受更大的能量损失。图 3.15 给出了探测光场的相移和能量提取率随信号光场失谐和拉比频率变化的曲线。其中，$\Delta_s = -30\Gamma, \Omega_s = 5\Gamma$ $\Gamma_{f1} \simeq \Gamma_{f2} = \Gamma = 6\,\text{MHz}$，$\Delta_p^1 = \Delta_p^2 = \Delta_c = 0$，$\gamma_{31} = \dfrac{\gamma_{32}}{2} = 0.001\Gamma$，$t_s = 3\,\mu\text{s}$，$\lambda_p^1 = \lambda_p^2 = \lambda_p = 795\,\text{nm}$，$f = 1\,\text{m}$，$z_o^1 = z_o^2 = z_o = 1\,\text{m}$，$z_i^1 = z_i^2 = z_i = 1\,\text{m}$。

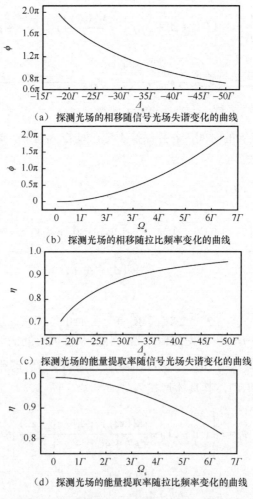

（a）探测光场的相移随信号光场失谐变化的曲线

（b）探测光场的相移随拉比频率变化的曲线

（c）探测光场的能量提取率随信号光场失谐变化的曲线

（d）探测光场的能量提取率随拉比频率变化的曲线

图 3.15　探测光场的相移和能量提取率随信号光场失谐和拉比频率变化的曲线

在第三阶段，经过任意一段存储时间 t（$t \geq t_s$），通过绝热地打开耦合光场可以提取存储在原子介质中的光信息。提取出来的探测光场可以写为

$$E_r^j(x,y) = E_p^j(x,y)\exp(-\alpha_j + \mathrm{i}\phi_j) \tag{3.2.9}$$

显然，提取的探测光场携带了由信号光场导致的相移和能量损失，它们既不依赖于耦合光场的强度，也不依赖于原子介质的光学厚度。因此，可以自由地控制耦合光场强度和原子介质的光学厚度以提高 EIT 窗口的带宽，使两幅二维图像完全存储在介质中。

提取后的探测光场首先透过原子介质后面的薄透镜，然后由两个光子探测器成像。在成像平面，探测光场的强度可以写为

$$I_r^j(x_1,y_1) = \left| E_r^j(x_1,y_1) \right|^2 = \left| \iint_{-\infty}^{+\infty} E_r^j(x,y)\exp\left[\frac{-\mathrm{i}k_p^j(x^2+y^2)}{2f} \right] h_j(x_1,x;y_1,y;z_i^j)\mathrm{d}x\mathrm{d}y \right|^2$$

$$\tag{3.2.10}$$

其中，$E_r^j(x_1,y_1)$ 是成像平面探测光场的振幅，f 是薄透镜的焦距，z_i^j 是第 i 个光子探测器到透镜的距离。

4. 数值模拟结果与讨论

现在，通过数值模拟来观察在不同相移情况下的两幅二维图像的成像。在下面讨论中，为了实现两维二次方的相移，假设信号光场的拉比频率满足 $\Omega_s = \Omega_{s0}\sqrt{1-\dfrac{r^2}{R^2}}$，其中 Ω_{s0} 是信号光场拉比频率的最大值，$0 \leq r = \sqrt{x^2+y^2} \leq R$，$R$ 是信号光场轮廓的半径。另外，为方便讨论，假设 $\phi_1 \simeq \phi_2 = \phi$，$\alpha_1 \simeq \alpha_2 = \alpha$。

图 3.16（a）给出了待存储的两幅二维图像，即汉字"工"和"三"，图像大小为 3 mm×3 mm。其他参量同图 3.20。图 3.16（b）给出了无信号光场时提取的图像，可以发现这时候成像已经完全不可分辨。图 3.16（c）～图 3.16（d）给出了应用信号光场后的两幅二维图像的成像。其中，在图 3.16（c）中，通过施加信号光场（$\Omega_{s0} = 5.22\Gamma$，$t_s = 3\,\mu\mathrm{s}$），提取的探测光场被引入的额外相移为 $\phi = 1.3\pi$，能量提取效率（定义为 $\eta = \dfrac{\left| E_r^j(x_1,y_1) \right|^2}{\left| E_p^j(x_o,y_o) \right|^2} = \mathrm{e}^{-2\alpha}$）为 87.3%，两幅二维图像的成像被严重扭曲；在图 3.16（d）中，通过施加信号光场（$\Omega_{s0} = 6.47\Gamma$，$t_s = 3\,\mu\mathrm{s}$），提取的探

测光场被引入的额外相移是 $\phi = 2\pi$，能量提取效率是 81.1%，两幅二维图像的成像是倒立的，并且具有较高的可见度。因此，基于信号光场诱导的空间依赖的交叉相位调制可实现高效灵活的两幅二维图像优化存储方案。

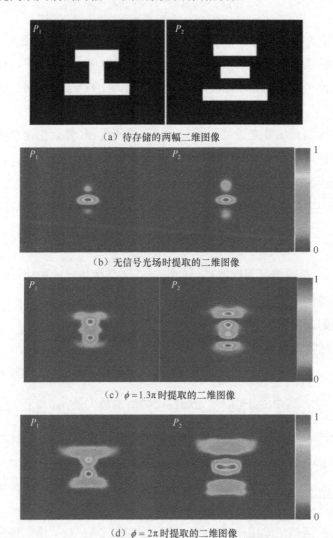

（a）待存储的两幅二维图像

（b）无信号光场时提取的二维图像

（c）$\phi = 1.3\pi$ 时提取的二维图像

（d）$\phi = 2\pi$ 时提取的二维图像

图 3.16　在不同相移情况下的两幅二维图像的成像

另外，此模型可以扩展到一个更一般的模型，如图 3.17 所示，$N+2$ 能级原子系统被 $N+1$ 束信号光场驱动。根据暗态极化子理论，此一般模型存在 $N-1$ 个透明窗口和 $N-1$ 个暗态极化子，表示为

$$\Psi_m(x,y,t) = \cos[\theta_m(t)]\Omega_p^m(x,y,t) - \sin[\theta_m(t)]\sqrt{\kappa_m}\rho_{Nm}(x,y,t) \qquad (3.2.11)$$

其中，$m=1,2,\cdots,N-1$。理论上，此模型具有同时存储 $N-1$ 幅二维图像的能力。在图像存储期间，通过在原子跃迁 $|N\rangle \leftrightarrow |f\rangle$ 上施加一束强度相关的信号光场引入交叉相位调制，可以实现对 $N-1$ 幅提取的二维图像的同时优化重建。

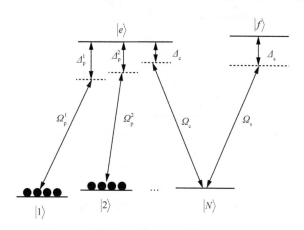

图 3.17 多图像存储的光场与原子相互作用

3.2.2 二维图像的优化存储

通过上节内容的介绍可知，基于 EIT 效应可以实现对多幅二维图像的同时存储与提取。在存储期间，通过引入一束信号光场可以对存储的光信息施加强度和相位调制，从而显著提升提取图像成像的可见度。然而，成像的强度降低了。

本节介绍一个既可以提高提取图像成像可见度，又可以提高成像强度的模型，进一步提高存储模型的性能。

1. 二维图像存储模型介绍

本节采用的原子能级系统如图 3.18（a）所示，能级 $|1\rangle$、$|2\rangle$ 和 $|3\rangle$ 构成一个标准的 Λ 型三能级原子系统，拉比频率为 Ω_p 的弱探测光场作用于原子跃迁 $|1\rangle \leftrightarrow |3\rangle$，拉比频率为 Ω_c 的强耦合光场作用于原子跃迁 $|2\rangle \leftrightarrow |3\rangle$。另外，在存储期间引入一束信号光场和一束微波场分别作用于原子跃迁 $|2\rangle \leftrightarrow |4\rangle$ 和 $|1\rangle \leftrightarrow |2\rangle$。能级 $|1\rangle$、$|2\rangle$、$|3\rangle$ 和 $|4\rangle$ 构成一个 N 型原子系统，可以由 ^{87}Rb 原子中的能级 $|5S_{1/2}, F=2, m_F=-2\rangle$、$|5S_{1/2}, F=3, m_F=-1\rangle$、$|5P_{1/2}, F'=2, m_F=-2\rangle$ 和 $|5P_{3/2}, F'=3, m_F=-2\rangle$ 构建。图 3.18（b）给出了施加的光场时序。为简便起见，在下面讨论中假定信号光场和微波场的持续时间相等。

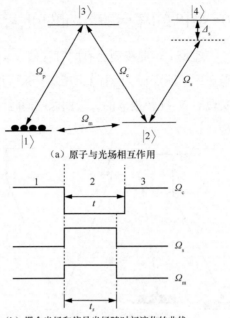

（a）原子与光场相互作用

（b）耦合光场和信号光场随时间演化的曲线

图 3.18　能级原子系统

2．系统演化方程

根据强耦合光场随时间的变化，可以将整个存储过程分为 3 个阶段，如图 3.18（b）所示。在第一阶段，假设所有原子已经被泵浦到能级 $|1\rangle$，携带二维图像信息的探测光场和强耦合光场进入原子介质，从而在原子介质中建立 EIT 条件，生成慢速传播的暗态极化子。通过绝热地关闭耦合光场，探测光场携带的振幅和相位信息将被存储到原子的自旋相干 ρ_{21} 上。根据参考文献 [28]，自旋相干 ρ_{21} 可以写为 $\rho_{21}(x,y) = -\dfrac{g}{\Omega_c} E_p(x,y)$，其中，$g$ 是原子与探测光场的耦合常数，$E_p(x,y)$ 是探测光场 Ω_p 通过待存储图像 P_1 后在原子介质处的夫琅禾费衍射图像，如图 3.19 所示。其中，PD 为光子探测器，PBS 为极化分束器。根据夫琅禾费衍射原理，$E_p(x,y)$ 的表达式可以写为 $E_p(x,y) = \displaystyle\iint_{-\infty}^{+\infty} E_p(x_0,y_0) h(x,x_0;y,y_0;z_0)\mathrm{d}x_0\mathrm{d}y_0$，其中 $E_p(x_0,y_0)$ 表示待存储图像的轮廓，$h(x,x_0;y,y_0;z_0) = \dfrac{\mathrm{e}^{\mathrm{i}k_p z_0}}{\mathrm{i}\lambda_p z_0}\exp\left[\dfrac{\mathrm{i}k_p[(x-x_0)^2 + (y-y_0)^2]}{2z_0}\right]$ 是探测光场的脉冲响应函数，z_0 是图像 P_1 到原子介质所在平面的距离，$k_p = \dfrac{2\pi}{\lambda_p}$ 是探测光场的波数（波长）。

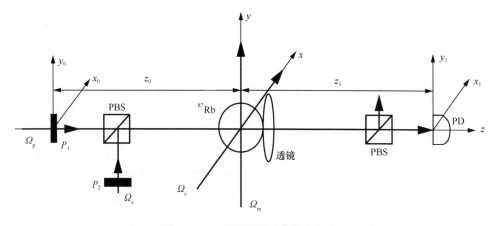

图 3.19　两幅图像同时存储与提取

在第二阶段，强耦合光场已经关闭，引入一束强度相关的信号光场和一束弱微波场分别作用于原子跃迁 $|2\rangle \leftrightarrow |4\rangle$ 和 $|1\rangle \leftrightarrow |2\rangle$。在电偶极近似和旋波近似下，此时系统的相互作用哈密顿量可以简写为

$$H_{\text{int}} = \hbar \Delta_s |4\rangle\langle 4| - \frac{\hbar}{2}\left(\Omega_s |4\rangle\langle 2| + \Omega_m e^{i\Phi} |2\rangle\langle 1| + \text{H.c.}\right) \qquad (3.2.12)$$

其中，Ω_s 和 Ω_m 分别是信号光场和微波场的拉比频率，Φ 是微波场相对于其他光场的相对相位，$\Delta_s = \omega_{42} - \omega_s$ 是信号光场相对于原子跃迁 $|4\rangle \leftrightarrow |2\rangle$（原子跃迁频率为 ω_{42}）的失谐。假设微波场共振驱动两个基态，并且非常弱，从而只改变两个基态的自旋相干，不改变两个基态的布居。

信号光场和微波场对原子自旋相干 ρ_{21} 的调制效应可以通过求解系统的光学布洛赫方程得到，相关的方程为

$$\frac{d\rho_{21}}{dt} = i\frac{\Omega_s^*(x,y)}{2}\rho_{41} + i\frac{\Omega_m e^{i\Phi}}{2}(\rho_{11} - \rho_{22}) - \gamma_{21}\rho_{21}$$

$$\frac{d\rho_{41}}{dt} = -i\Delta_s\rho_{41} + i\frac{\Omega_s(x,y)}{2}\rho_{21} - i\frac{\Omega_m e^{i\Phi}}{2}\rho_{42} - \frac{\Gamma_{41}}{2}\rho_{41}$$

$$\frac{d\rho_{42}}{dt} = -i\Delta_s\rho_{42} + i\frac{\Omega_s(x,y)}{2}(\rho_{22} - \rho_{44}) - i\frac{\Omega_m^* e^{-i\Phi}}{2}\rho_{41} - \frac{\Gamma_{42}}{2}\rho_{42} \qquad (3.2.13)$$

其中，γ_{21} 是两个基态之间的失相率，Γ_{41} 和 Γ_{42} 分别是激发态 $|4\rangle$ 到基态 $|1\rangle$ 和 $|2\rangle$ 的自发辐射衰变率。假设信号光场和微波场的拉比频率在持续时间 t_s 内保持不变，在 EIT 条件（$\rho_{11} \simeq 1, \rho_{22} = \rho_{44} \simeq 0$）下，密度矩阵元 ρ_{21} 的表达式可写为

$$\rho_{21}(x, y, t_s) = \left[\rho_{21}(x, y, 0) + \frac{\beta}{\alpha} \right] e^{-\alpha t_s} - \frac{\beta}{\alpha} \tag{3.2.14}$$

其中，$\alpha = \dfrac{|\Omega_s|^2 \left(i\Delta_s + \dfrac{\Gamma_{42}}{2} \right)}{4 \left(i\Delta_s + \dfrac{\Gamma_{41}}{2} \right) \left(i\Delta_s + \dfrac{\Gamma_{42}}{2} \right) + |\Omega_m|^2} + \gamma_{21}$，$\beta = i\dfrac{\Omega_m e^{i\Phi}}{2}$。显然，因子 α 和 β 来源于引入的信号光场和微波场。通过改变信号光场和微波场的拉比频率、失谐、相对相位和持续时间，可以以可控的方式调控提取探测光场的相移和强度。

在第三阶段，经过一段存储时间 t（$t \geq t_s$）后，根据需要绝热打开强耦合光场，存储在原子自旋相干 ρ_{21} 的信息可以确定性地转化到提取的探测光场 $E_p^r(x, y)$ 中，表示为

$$E_p^r(x, y) \propto \rho_{21}(x, y, t) \tag{3.2.15}$$

提取的探测光场首先透过放在原子介质后的薄凸透镜，然后由光子探测器成像。在成像平面，探测光场的强度可以写为

$$I_p(x_1, y_1) \propto \left| E_p(x_1, y_1) \right|^2 \propto \left| \iint_{-\infty}^{+\infty} E_p^r(x, y) \exp\left[\frac{-ik_p(x^2 + y^2)}{2f} \right] h(x_1, x_0; y_1, y_0; z_1) dx dy \right|^2$$

$$\tag{3.2.16}$$

其中，$E_p(x_1, y_1)$ 是在成像平面探测光场的振幅，f 是薄透镜的焦距，z_1 是光子探测器到透镜的距离。

3. 数值模拟结果与讨论

下面，通过数值模拟讨论一下在不同条件下二维图像的成像。与上节内容情况一样，同样假设信号光场的拉比频率满足 $\Omega_s = \Omega_{s0}\sqrt{1 - \dfrac{r^2}{R^2}}$，其中，$\Omega_{s0}$ 是信号光场拉比频率的最大值，$0 \leq r = \sqrt{x^2 + y^2} \leq R$，$R$ 是信号光场轮廓的半径。

图 3.20 给出了在没有微波场情况下，提取探测光场的能量提取率 ξ 和相移 ϕ 随信号光场拉比频率变化的曲线。其中，$\xi = \dfrac{|\rho_{21}(x, y, t_s)|^2}{|\rho_{21}(x, y, 0)|^2}$，$\Gamma_{41} = \Gamma_{42} = \Gamma = 6\,\text{MHz}$，$\gamma_{21} = 0.001\Gamma$，$\Delta_s = 30\Gamma$，$t_s = 3\,\mu\text{s}$。从图 3.20 中可以看出，通过改变信号光场的拉比频率，密度矩阵元 ρ_{21} 可以获得任意大的相移。然而，随着相移的增大，探测光场的强度减小。

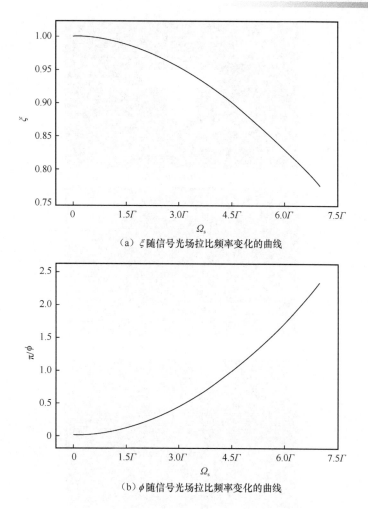

（a）ξ 随信号光场拉比频率变化的曲线

（b）ϕ 随信号光场拉比频率变化的曲线

图 3.20　探测光场的能量提取率和相移随信号光场拉比频率变化的曲线

作为对比，首先给出了没有微波场时的情况。此时，密度矩阵元 ρ_{21} 的表达式为

$$\rho_{21}(x,y,t_s) = \rho_{21}(x,y,0)\exp\left[-\left(\gamma_{21} + \frac{\Omega_s^2}{2\Gamma_{41} + 4\mathrm{i}\varDelta_s}\right)t_s\right]\qquad(3.2.17)$$

图 3.21 给出了待存储的二维图像（英文字母"T"）在不同条件下的成像。其中，图像大小为 3 mm×3 mm。其他参量同图 3.20。从图 3.21 中可以看出，随着相移的增大，提取图像的对比度显著提升，提取图像的强度减弱。结论与上节中两幅图像同时存储的结论一样。

（a）待存储的图像

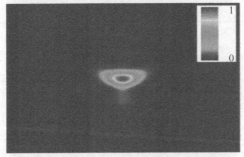

（b）$\Omega_{s0}=0$（$\phi=0, \xi=100\%$）条件下的成像

（c）$\Omega_{s0}=5.22\,\Gamma$（$\phi=1.3\pi, \xi=87.3\%$）条件下的成像

（d）$\Omega_{s0}=6.47\Gamma$（$\phi=2\pi, \xi=81.1\%$），$\lambda_p=795$ nm，
$z_0=z_1=f=1$ m条件下的成像

图 3.21　待存储的二维图像在不同条件下的成像

图 3.22 给出了当微波场存在时密度矩阵元 ρ_{21} 的能量提取效率 ξ 和相移 ϕ 随微波场相对相位 Φ 的变化曲线，曲线①～⑤对应的微波场的拉比频率分别为 $\Omega_{\mathrm{m}}=0,0.2\Gamma,0.4\Gamma,0.6\Gamma,0.8\Gamma$，$\Omega_{\mathrm{s}}=6.47\Gamma$，其他参量同图 3.20。从图 3.22 可以看出，ξ 和 ϕ 均随 Φ 做周期性变化。在区间 $\Phi\in\left(-\dfrac{\pi}{2},\dfrac{\pi}{2}\right)$，能量提取效率 ξ 增大；在区间 $\Phi\in\left(\dfrac{\pi}{2},\dfrac{3\pi}{2}\right)$，能量提取效率 ξ 减小。相移 ϕ 以 2π 为中心做微小的正弦变化。因此，通过调节微波场的拉比频率可以保证在成像具有较高对比度的同时提高或降低成像的强度。

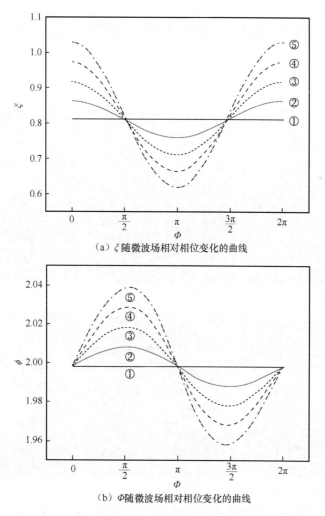

（a）ξ 随微波场相对相位变化的曲线

（b）ϕ 随微波场相对相位变化的曲线

图 3.22 ρ_{21} 的能量提取效率和相移随微波场相对相位变化的曲线

图 3.23 给出了在信号光场保持不变，不同微波场条件下的成像。其中，$\Omega_{s0}=6.47\Gamma$，图像大小为 3 mm×3 mm，其他参量同图 3.20。从图 3.23 中可以看出，所有成像均具有较高的对比度，微波场可以有效地调控二维图像的成像。通过比较可以发现，能量提取效率 ξ 减小时，图像的能量向中间聚集，反之亦然。一般情况下，提取图像的强度随着提取效率 ξ 和相移 ϕ 的增大而增大。为了说明这一结论，

图 3.24 给出了输出与输入图像能量的比值 $\eta=\dfrac{\iint\left|E_p(x_1,y_1)\right|^2\mathrm{d}x_1\mathrm{d}y_1}{\iint\left|E_p(x_0,y_0)\right|^2\mathrm{d}x_0\mathrm{d}y_0}$ 随微波场拉比频率

Ω_m 的变化曲线，参量同图 3.23。从图 3.24 中可以看出，当相对相位 $\Phi=0,\dfrac{\pi}{2}$ 时，输

出图像的能量的确可以被放大；当相对相位 $\Phi=\pi,\dfrac{3\pi}{2}$ 时，输出图像的能量减小。因

此，通过微波场对原子自旋相干的强度调制和相位调制，可以有效地调控二维图像的存储。

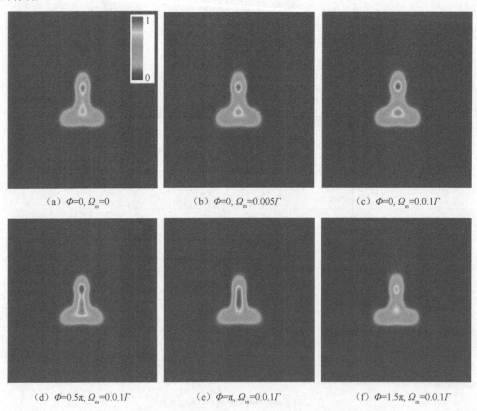

(a) $\Phi=0$, $\Omega_m=0$ (b) $\Phi=0$, $\Omega_m=0.005\Gamma$ (c) $\Phi=0$, $\Omega_m=0.01\Gamma$

(d) $\Phi=0.5\pi$, $\Omega_m=0.01\Gamma$ (e) $\Phi=\pi$, $\Omega_m=0.01\Gamma$ (f) $\Phi=1.5\pi$, $\Omega_m=0.01\Gamma$

图 3.23　在信号光场保持不变，不同微波场条件下的成像

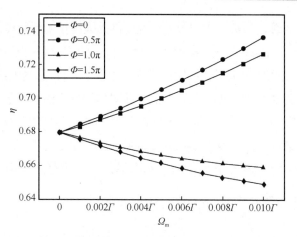

图 3.24　输出与输入图像能量的比值 η 随微波场拉比频率 Ω_{m} 的变化曲线

3.3　纠缠光的存储

纠缠是量子信息科学中最重要的物理资源，为了实现长程量子通信、量子中继、量子网络、分布式量子计算及量子精密计量等，纠缠光的存储问题自然而然地被提出来。目前，绝大多数纠缠光存储与提取模型的本质是基于纠缠在光子和量子存储单元之间的可控映射，如 Duan 等[34]提出的测量诱导概率方案（即著名的 DLCZ 方案）、Kimble 团队[10]提出的基于动态 EIT 原理具有内在确定性方案等。基于上述纠缠存储原理，包括我国学者在内的很多优秀的科学家在冷原子、热原子、固态等系统中做出了一大批突破性的研究成果。2008 年，潘建伟教授及其同事[35]实现了相距 300 m 的两个冷原子系综的测量诱导量子纠缠，并在国际上首次实现了具有真正存储和提取功能的量子纠缠交换。2010 年，Kimble 团队[38]又以可控方式实现了原子系综量子纠缠与四模光子纠缠的映射，这一工作对以多体纠缠为工作原理的量子通信网络的实现非常重要。上述研究实现了长程量子通信中亟需的量子中继器，向广域量子通信网络的实现迈出了坚实的一步。近年来，纠缠存储、交换、分发的研究正在向着高效率、低噪声、长寿命、远距离、室温等方向如火如荼地进行。郭光灿院士领导的团队[39-41]实现了多模式、多自由度量子存储，给出了基于量子存储器的量子模式变换和实时的任意操作模型，对于构建高速率的实用化量子网络具有重要的参考价值。贾晓军教授团队[42]在实验上首次实现了 3 个量子节点间的确定性纠缠，潘建伟教授领导的团队[43-44]基于 DLCZ 协议演示了 3 个分离的冷原子量子存储器的纠缠和两个量子存储器相距 50 km 的纠缠，为解决大规模量子互联网的关键技术问题提供了思路。Axline 教授团队[45]展示了高保真度量子态交换和两个孤立的超导腔量子存储之间的按需纠缠。Laurat 教授团队[46]报道了在冷铷原子系统中基于 EIT 原理的纠缠在光子和量子存储器之间效率为 85% 的交换。段路明教授领导的研究小组实现了 25 个量子接口之间的量子纠缠[47]以及光子和多路量子存储器之间的纠缠[48-49]。金贤敏教授领导的团队[50]在室温条件下实现了宽带 far off-resonance DLCZ 量子存储。

本节主要介绍了热原子介质中单模和多模纠缠光的存储与提取。

3.3.1 热原子介质中纠缠光的存储与提取

本节讨论热原子介质中纠缠光的存储与提取，模型由两个空间分离的光子存储系统构成。基于动态 EIT 方案，提出了用来描述纠缠在光模与原子间可逆转变的纠缠暗态，并将原子速度作为一个新的自变量，引入速度相关的集体原子算符，研究了原子热运动在纠缠转换过程中的影响，为相关实验提供了理论参考。

在本节中，提出的基于动态 EIT 的纠缠存储模型包含两个完全相同的空间分离的光子存储系统（A 和 B），如图 3.25（a）所示。在每个子系统中，N 个完全相同并且相互独立的热原子沿 $+O_z$ 轴均匀分布，每个原子包括一个激发态 $|e\rangle$ 和两个基态 $|g\rangle$ 和 $|s\rangle$，构成 Λ 型三能级原子模型，如图 3.25（b）所示。频率为 ω_g（波数为 $k_g = \dfrac{\omega_g}{c}$）的弱信号光场（即将被存储的光场）沿 $+O_z$ 方向传播，并与原子跃迁 $|e\rangle \leftrightarrow |g\rangle$ 耦合；与弱信号光场同向传播的频率为 ω_s（波数为 $k_s = \dfrac{\omega_s}{c}$）的强控制光场与另一原子跃迁 $|e\rangle \leftrightarrow |s\rangle$ 耦合；两个基态（$|g\rangle$ 和 $|s\rangle$）之间的跃迁是偶极禁戒的。需要重点说明的是，在本节中选择两光场同向传播的原因是尽量减小由原子热运动引起的双光子多普勒频移效应。因为两光场相向设置或其他设置会增强多普勒频移效应，导致存储效果欠佳，在本节中没有讨论。假设满足下列条件：（1）弱信号光场与强控制光场同轴传播，确保能与同一个原子发生相互作用；（2）所有的原子初始均被制备在基态 $|g\rangle$ 上，由于信号光场足够弱以致于在整个系统中最多只包含一个激子，因此在原子与光场相互作用过程中只有一个原子处于活动状态。在这些假设下，如果只考虑原子内部自由度，可能的集体原子态为 $|\bar{g}\rangle = |g_1, g_2, \cdots, g_N\rangle$，$|\bar{e}_j\rangle = |g_1, g_2, \cdots, e_j, \cdots, g_N\rangle$ 和 $|\bar{s}_j\rangle = |g_1, g_2, \cdots, s_j, \cdots, g_N\rangle$，其中 $j = 1, \cdots, N$。而态 $|\bar{e}_j\rangle$ 和 $|\bar{s}_j\rangle$ 出现的概率均为 $\dfrac{1}{N}$。

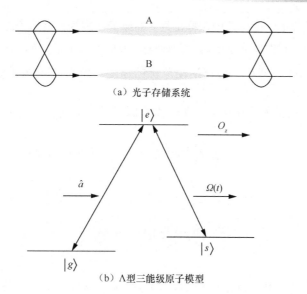

（a）光子存储系统

（b）Λ型三能级原子模型

图 3.25　基于动态 EIT 的纠缠存储模型

1. 系统哈密顿量

任一子系统中的原子集与光场相互作用的哈密顿量可表示为

$$H = E_g |\overline{g}\rangle\langle\overline{g}| + \frac{1}{N}E_e\sum_{j=1}^{N}|\overline{e}_j\rangle\langle\overline{e}_j| + \frac{1}{N}E_s\sum_{j=1}^{N}|\overline{s}_j\rangle\langle\overline{s}_j| +$$

$$\frac{\hbar}{2}\frac{1}{N}\sum_{j=1}^{N}\left\{g_j\hat{a}|\overline{e}_j\rangle\langle\overline{g}|e^{i(k_{gv_j}z_j-\omega_{gv_j}t)} + \Omega_j(t)|\overline{e}_j\rangle\langle\overline{s}_j|e^{i(k_{sv_j}z_j-\omega_{sv_j}t)} + \text{H.c}\right\} \quad (3.3.1)$$

其中，$E_\alpha(\alpha = g,e,s)$ 为原子在态 $|\alpha\rangle$ 上的内能，a（$a^\dagger$）是弱信号光场的湮灭（产生）算符，g_j 和 $\Omega_j(t)$ 分别是第 j 个原子与弱信号光场和强控制光场的耦合常数和拉比频率，$\omega_{\alpha v_j}$（$k_{\alpha v_j} = \dfrac{\omega_{\alpha v_j}}{c}$，其中 $\omega_{\alpha v_j} = \omega_\alpha - k_\alpha v_j$，$\alpha = g,s$）是多谱勒频移相关的光场的频率（波矢）。

为了简化式（3.3.1），可以做如下考虑。（1）由于所有的原子完全相同，因此它们的耦合常数 g_j 和拉比频率 $\Omega_j(t)$ 可认为分别相等，即 $g_j = g$，$\Omega_j(t) = \Omega(t)$。相对于场强在纵向传播方向的变化，假设在存储过程中原子的位置没有明显的改变，因此可以专注于讨论原子热运动对纠缠的存储与提取的影响；（2）从统计学上来看，$|\overline{\alpha}_j\rangle = |g_1,g_2,\cdots,\alpha_j,\cdots,g_N\rangle$（$\overline{\alpha}_j = \overline{e}_j,\overline{s}_j$；$j = 1,2,\cdots,N$）是存在概率为 $\dfrac{1}{N}$ 的微观态。据此，同样理解反转算符 $|\overline{\alpha}_j\rangle\langle\overline{\beta}_j|$；（3）在第 j 个微观态中，原子集的性

质只由活动原子决定，即本节中被标记为 j 的原子，因为只有这个原子与被存储的光子发生相互作用。假设此活动的原子的速度为 v_j 的概率为 $f(v_j)$，并且满足归一化条件，即 $\sum\limits_{v_j} f(v_j) = 1$。然后，根据活动原子的速度将所有的 N 个微观态分成一个速度相关的群，并且引入了速度 v 相关的集体原子反转算符，定义为

$$\sigma_{\bar{\alpha}\bar{\alpha}}(v) = \frac{1}{N}\sum_{j}^{N}|\bar{\alpha}_j\rangle\langle\bar{\alpha}_j| \qquad (\bar{\alpha} = \bar{g}, \bar{s}, \bar{e})$$

$$\sigma_{\bar{e}\bar{\alpha}}(v) = \frac{1}{N}\sum_{j}^{N}|\bar{e}_j\rangle\langle\bar{\alpha}_j|e^{ik_{\alpha v}z_j} \qquad (\bar{\alpha} = \bar{g}, \bar{s})$$

$$\sigma_{\bar{g}\bar{s}}(v) = \frac{1}{N}\sum_{j}^{N}|\bar{g}_j\rangle\langle\bar{s}_j|e^{[i(k_{sv}-k_{gv})z_j]} \qquad (3.3.2)$$

其中，共轭算符 $\sigma_{\bar{\alpha}\bar{\beta}}(v) = \left[\sigma_{\bar{\beta}\bar{\alpha}}(v)\right]^{\dagger}$（$\bar{\alpha}, \bar{\beta} = \bar{g}, \bar{s}, \bar{e}$）。将式（3.3.1）进行合适的旋转，可以简化其表达式为

$$H = \sum_{\alpha=g,s}\hbar\bar{\Delta}_{\alpha}(v)\sigma_{\bar{\alpha}\bar{\alpha}}(v) + \frac{\hbar}{2}\left[ga\sigma_{\bar{e}\bar{g}}(v) + \Omega(t)\sigma_{\bar{e}\bar{s}}(v) + \text{H.c.}\right] \qquad (3.3.3)$$

其中，$\bar{\Delta}_{\alpha}(v)$（$\alpha = g,s$）是多谱勒频移相关的失谐，定义为 $\bar{\Delta}_{\alpha}(v) = \Delta_{\alpha} - k_{\alpha}v$，$\Delta_{\alpha} = \dfrac{E_e - E_{\alpha}}{\hbar} - \omega_{\alpha}$ 是弱信号光场（$\alpha = g$）和强控制光场（$\alpha = s$）与对应于它们的跃迁频率的失谐。从式（3.3.2）可以看出，与原子热运动相关的信息已经通过指数因子 $e^{ik_{\alpha v}z_j}$ 包含在算符 $\hat{\sigma}_{\bar{\alpha}\bar{\beta}}(v)$ 的定义中了。同样，可以引入速度 v 相关的集体原子态

$$|\bar{g}\rangle_v = |g_1, g_2, \cdots, g_N\rangle$$

$$|\bar{e}\rangle_v = \frac{1}{\sqrt{N}}\sum_{j=1}^{N}\exp\left[i(k_{gv}z_j)\right]|g_1, g_2, \cdots, e_j, \cdots, g_N\rangle$$

$$|\bar{s}\rangle_v = \frac{1}{\sqrt{N}}\sum_{j=1}^{N}\exp\left[i(k_{gv}-k_{sv})z_j\right]|g_1, g_2, \cdots, s_j, \cdots, g_N\rangle \qquad (3.3.4)$$

由于信号光场足够弱，可以看作量子化光场，则描述原子与光场相互作用的态变为 $|\bar{g}, n\rangle_v$、$|\bar{e}, n\rangle_v$ 和 $|\bar{s}, n\rangle_v$，每个态同时被内部量子数（$\bar{g}, \bar{e}, \bar{s}$）、光子数（$n$）和外部自由度（$v$）标征。显然，存在一速度族 $F_v(n) = \left\{|\bar{g}, n+1\rangle_v, |\bar{e}, n\rangle_v, |\bar{s}, n\rangle_v\right\}$，在弱信号光场和强控制光场的作用下，此速度族是封闭的。在任何时刻 t，系统的状

态可以表示为

$$\left|\varPhi\left(t,n\right)\right\rangle_v = c_g\left(t,v,n+1\right)\left|\overline{g},n+1\right\rangle_v + c_s\left(t,v,n\right)\left|\overline{s},n\right\rangle_v + c_e\left(t,v,n\right)\left|\overline{e},n\right\rangle_v \quad (3.3.5)$$

通过式（3.3.5），很容易能得到在任何时刻的原子速度分布（$f(t,v)$）和信号光子分布（$f(t,n)$），分别为 $f(t,v) = \sum\limits_{\alpha,n}\left|c_\alpha(t,v,n)\right|^2$ 和 $p(t,n) = \sum\limits_{\alpha,v}\left|c_\alpha(t,v,n)\right|^2$。

2. 系统的密度矩阵及其纠缠量度

现在，通过密度矩阵法来描述整个系统，用 $\rho_{\alpha\beta}(t,m,n,v)$ 来代表其中一个子系统的速度 v 相关的集体密度算符，则对应的密度矩阵元为 $\rho_{\alpha\beta}(t,m,n,v) = c_\alpha^*(t,v,m)c_\beta(t,v,n)$。从而，整个系统的密度矩阵可表示为

$$\boldsymbol{\rho}(t) = \sum_{vv'}\sum_{mn,m'n'}\sum_{\alpha\beta,\alpha'\beta'}\rho_{\alpha\beta}(t,m,n,v) \otimes \rho_{\alpha'\beta'}(t,m',n',v') \quad (3.3.6)$$

进而，可以得到两原子集的密度矩阵元和纠缠光子的密度矩阵元的表达式分别为

$$\rho_{\alpha\beta,\alpha'\beta'}(t) = \sum_{vv'}\sum_{mn,m'n'}\rho_{\alpha\beta}(t,m,n,v)\rho_{\alpha'\beta'}(t,m',n',v')$$

$$\rho_{mn,m'n'}(t) = \sum_{vv'}\sum_{\alpha\beta,\alpha'\beta'}\rho_{\alpha\beta}(t,m,n,v)\rho_{\alpha'\beta'}(t,m',n',v') \quad (3.3.7)$$

考虑最简单的情况，即（1）两个原子集中的所有原子初始被制备在基态 $\left|\overline{gg}\right\rangle$ 上，（2）被存储的纠缠光只包含一个光子，则 $m,n \in \{0,1\}$。则无论是信号光场的密度矩阵还是原子集的密度矩阵都是 4×4 维的。

对于上述两体纠缠（构成 4×4 维的密度矩阵），可以用 Concurrence（简记为 C）来量度，其定义式为

$$C_k(t) = \max\left\{0, \sqrt{\lambda_1^k(t)} - \sqrt{\lambda_2^k(t)} - \sqrt{\lambda_3^k(t)} - \sqrt{\lambda_4^k(t)}\right\} \quad (3.3.8)$$

其中，$\lambda_i^k(t)$（$i=1,2,3,4$；$k=p$ 为光模，$k=a$ 为原子集）是在时间为 t 时，密度矩阵 $\boldsymbol{R}_k(t) = \boldsymbol{\rho}_k(t)(\sigma_y \otimes \sigma_y)\boldsymbol{\rho}_k^*(t)(\sigma_y \otimes \sigma_y)$ 按降序排列的四个本征值，σ_y 是泡利 Y 矩阵。

3. 纠缠暗态

接下来，看一下双光子纠缠对的可逆存储。3.3.1 节已经介绍过用于双光子纠缠存储的模型（如图 3.25 所示），整个模型包括两个相同的子系统，每个子系统按照 EIT 原理独立工作,通过绝热地控制强控制光场能够将光子态转变为原子自旋激

子实现对量子信息的存储以及提取过程。2000 年，Fleischhauer 和 Lukin[28]提出的暗态极化子理论可以很好地帮助人们理解 EIT 介质中的光信息存储与提取过程。然而，到目前为止，还未见关于纠缠光可逆存储的解释。本节中，为了描述纠缠在光模和原子集之间的可逆转移，引入了纠缠暗态的概念，它是由纠缠原子态与纠缠光子态组成的叠加态。假设将被存储的纠缠光子态为 $|\epsilon\rangle = \frac{1}{\sqrt{2}}\left(|01\rangle + e^{i\phi}|10\rangle\right)$，其中 ϕ 是两纠缠光模间的相位（当 $\phi = 0, \pi$ 时，可以得到标准的 Bell 态），初始所有的原子被制备在 $|\overline{gg}\rangle$ 态上，则纠缠暗态的形式为

$$\left|\Psi(\theta,\theta')\right\rangle_{vv'} = \frac{1}{\chi}\left[\delta\cos\theta'|01\rangle + \delta'\cos\theta e^{i\phi}|10\rangle\right]\left|\overline{gg}\right\rangle_{vv'}$$

$$-\frac{1}{\chi}\left[\delta\sin\theta'\left|\overline{gs}\right\rangle_{vv'} + \delta'\sin\theta e^{i\phi}\left|\overline{sg}\right\rangle_{vv'}\right]|00\rangle \quad (3.3.9)$$

其中，$\chi = 2 - \sin 2\theta - \sin 2\theta'$，$\delta = \cos\theta - \sin\theta$，$\delta' = \cos\theta' - \sin\theta'$，$\theta$ 和 θ' 分别满足 $\tan[\theta(t)] = \dfrac{g\sqrt{N}}{\Omega(t)}$ 和 $\tan[\theta'(t)] = \dfrac{g\sqrt{N}}{\Omega'(t)}$（事实上，本节所考虑的模型中 $\theta(t) = \theta'(t)$）。可以很容易地验证 $H_I\left|\Psi(\theta,\theta')\right\rangle_{vv'} = 0$，其中 H_I 是哈密顿量式（3.3.3）的相互作用部分。显然，当绝热地将角度 θ 和 θ' 从 0 旋转到 $\dfrac{\pi}{2}$（绝热地关闭控制光场）时，纠缠也从光模中转移到了原子集中，即 $\frac{1}{\sqrt{2}}\left(|01\rangle + e^{i\phi}|10\rangle\right) \to \frac{1}{\sqrt{2}}\left(\left|\overline{gs}\right\rangle_{vv'} + e^{i\phi}\left|\overline{sg}\right\rangle_{vv'}\right)$，实现了将光子纠缠存储到原子集中的目的；当反向绝热地旋转角度 θ 和 θ'（绝热地开启控制光场）时，就可以实现纠缠的反向转移，将纠缠从原子集中提取出来再次转变为光子纠缠，即 $\frac{1}{\sqrt{2}}\left(\left|\overline{gs}\right\rangle_{vv'} + e^{i\phi}\left|\overline{sg}\right\rangle_{vv'}\right) \to \frac{1}{\sqrt{2}}\left(|01\rangle + e^{i\phi}|10\rangle\right)$。

4．数值模拟结果与讨论

本节通过数值模拟给出原子和光子纠缠的度量 C，随时间的演化曲线，分析原子热运动在基于 EIT 原理的纠缠的可逆存储过程中的影响。为了将注意力放在原子热运动的作用上，仅考虑原子与光场共振相互作用情况，即 $\Delta_g = \Delta_s = 0$，并且假设 $\gamma_g = \gamma_s = \gamma$。初始时，假设两个原子集的原子被制备在基态 $|\overline{gg}\rangle$ 上，原子速度满足麦克斯韦-玻耳兹曼分布，其表达式为

$$f(v) = \frac{1}{\sqrt{2\pi}D}\exp\left[-\frac{(k_\alpha v)^2}{2D^2}\right] \quad (3.3.10)$$

其中，$D = \sqrt{\dfrac{kT\omega_\alpha^2}{Mc^2}}$，$k$ 为玻耳兹曼常数，T 是原子温度，M 是原子质量。D 是原子速度分布宽度，其大小决定原子热运动的强度。D 越大，原子温度越高，运动越剧烈；反之，则原子温度越低，运动越不剧烈。而初始光子处于态 $|\epsilon\rangle = \dfrac{1}{\sqrt{2}}(|01\rangle + |10\rangle)$ 上。

图 3.26 给出了弱信号光场的波数不等于强控制光场的波数时（$\dfrac{k_s}{k_g} = 0.9$，此时多普勒自由条件不满足，双光子拉曼过程受到多普勒频移的影响），光子纠缠（实线①～③）和原子纠缠（虚线④～⑥）随时间的演化曲线。实线①～③（虚线④～⑥）对应的动量分布宽度 $\dfrac{D}{\gamma}$ 分别为 0、10、20。系统初始态为 $|\overline{gg}\rangle \otimes |\epsilon\rangle$，其他参量为 $\dfrac{k_s}{k_g} = 0.9$，$\dfrac{\Delta_g}{\gamma} = \dfrac{\Delta_s}{\gamma} = 0$，$\dfrac{g}{\gamma} = 2.0$，$\dfrac{\Omega_0}{\gamma} = 10.0$，横纵坐标数据均做无量纲化处理。从图 3.26 中可以看到，曲线的变化特点与基于 EIT 的传统的信号光存储与提取模型相似。当强控制光场关闭时，光子纠缠映射到原子集中，转换为原子纠缠；经历一段时间之后，当强控制光场再次打开时，存储在原子中的纠缠又转换为光子纠缠。根据纠缠暗态的定义（3.3.9），当强控制光场开启或关闭时，纠缠暗态经历可逆变换 $|\Psi(\theta,\theta')\rangle_{\theta=\theta'=0} \leftrightarrow |\Psi(\theta,\theta')\rangle_{\theta=\theta'=\frac{\pi}{2}}$（即 $\dfrac{1}{\sqrt{2}}(|01\rangle + \mathrm{e}^{\mathrm{i}\phi}|10\rangle)|\overline{gg}\rangle|_{\theta=\theta'=0.0} \leftrightarrow \dfrac{1}{\sqrt{2}}(|\overline{gs}\rangle + |\overline{sg}\rangle)|00\rangle|_{\theta=\theta'=\frac{\pi}{2}}$），与数值模拟结果一致。另外，可以看到在时间 $t_1 < t < t_2$ 时原子的纠缠度 $C_a(t) \simeq C_p(0)$（$C_p(0)$ 表示初始信号光场的纠缠度），在整个过程中其演化趋势与 $C_p(t)$ 的演化趋势正好相反，这表明的确实现了光子纠缠与原子纠缠的可逆转移。

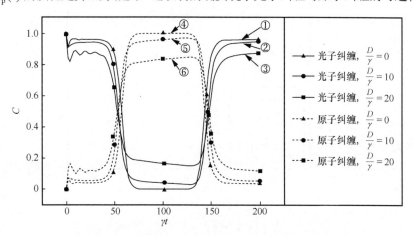

图 3.26　光子纠缠和原子纠缠度 C 随时间演化的曲线

强控制光场随时间演化的函数为

$$\Omega(t) = \Omega_0 \left\{ 1 - 0.5 \tanh\left[\beta(t - t_1) \right] + 0.5 \tanh\left[\beta(t - t_2) \right] \right\} \tag{3.3.11}$$

其中，Ω_0，β，t_1 和 t_2 是可调的。在本节中，选择的参量为 $\dfrac{\Omega_0}{\gamma} = 10$，$\beta = 0.1$，$\gamma t_1 = 50$，

$\gamma t_2 = 150$。

为了更加深入地了解原子热运动在纠缠的存储与提取过程中的影响，定义了纠缠的提取效率这一概念，其定义式为 $\eta = \dfrac{C_p(t)}{C_p(0)}$，其中 $C_p(t) = 2\sqrt{\rho_{01,01}(t)\rho_{10,10}(t)}$，$t \geqslant t_2$ 表示提取出来的信号光场的纠缠度，$C_p(0)$ 表示初始信号光场的纠缠度。图 3.27 给出了光子纠缠的提取效率随标度后的速度分布宽度（$\dfrac{D}{\gamma}$）的变化曲线，其中，横纵坐标数据均做无量纲化处理。所有的值均取自时间 $\gamma t = 200$ 时（即提取过程已经结束），横纵坐标数据均做无量纲化处理。曲线①对应于满足多普勒自由条件的情况，即 $\dfrac{k_s}{k_g} = 1.00$，可以发现无论原子速度分布有多宽（原子运动多剧烈），纠缠的提取效率基本保持不变，约为 96.15%；曲线②和曲线③分别对应于 $\dfrac{k_s}{k_g} = 0.95$ 和 $\dfrac{k_s}{k_g} = 0.90$，不再满足多普勒自由条件，可以发现原子运动越剧烈，提取效率就越低。在原子运动剧烈程度相同的条件下，偏离多普勒自由条件越远，提取效率越低。从上面的分析中可以得到，由于原子热运动引起的非均匀展宽对纠缠的存储起到负作用。

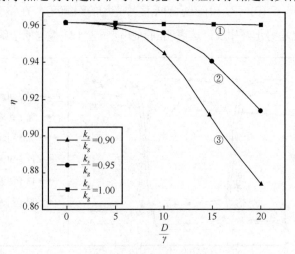

图 3.27　光子纠缠的提取效率 η 随 $\dfrac{D}{\gamma}$ 变化的曲线

3.3.2　双模纠缠波包的存储

在实际情况中，由于各种原因，光谱线或多或少都会发生展宽。从这个意义上，把光子看作波包，而不是理想粒子，是更准确的。本节基于 EIT 效应讨论双模纠缠波包的可逆存储。

1．模型介绍

双模纠缠波包的存储系统由两个完全相同的空间分离的光子存储系统构成（A和 B），如图 3.28（a）所示。在每个子系统中，N 个完全相同并且相互独立的热原子沿 $+O_z$ 轴均匀分布，每个原子包括一个激发态 $|e\rangle$ 和两个基态 $|g\rangle$ 和 $|s\rangle$，构成 Λ 型三能级原子模型，如图 3.28（b）所示。弱信号波包 W_{in} 沿 $+O_z$ 方向入射到原子介质中，其中频率为 ω_s（波数为 $k_s = \dfrac{\omega_s}{c}$）的信号光场分量与原子跃迁 $|e\rangle \leftrightarrow |s\rangle$ 耦合，耦合常数为 g；一束拉比频率为 R（频率为 ω_c，波数为 $k_c = \dfrac{\omega_c}{c}$）的同向传播的强控制光场与原子跃迁 $|e\rangle \leftrightarrow |c\rangle$ 耦合。

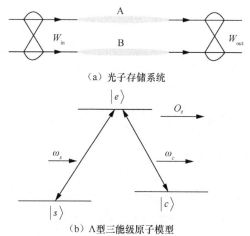

（a）光子存储系统

（b）Λ 型三能级原子模型

图 3.28　双模纠缠波包的存储系统

在电偶极近似和旋波近似下，每个子系统的哈密顿量可表示为

$$H = \sum_{j=1}^{N} \hbar \Delta_s \left| s_j \right\rangle \left\langle s_j \right| + \sum_{j=1}^{N} \hbar \Delta_c \left| c_j \right\rangle \left\langle c_j \right|$$
$$- \frac{\hbar}{2} \sum_{j=1}^{N} \left[g a_s \left| e_j \right\rangle \left\langle s_j \right| \exp(\mathrm{i} k_s z_j) + R(t) \left| e_j \right\rangle \left\langle c_j \right| \exp(\mathrm{i} k_c z_j) \right] + \mathrm{H.c.} \quad (3.3.12)$$

其中，Δ_α（$\alpha = s,c$）是弱信号光场（$\alpha = s$）和强控制光场（$\alpha = c$）与相应原子跃迁 $|e\rangle \leftrightarrow |\alpha\rangle$ 的失谐，a_s（$a_s^\dagger$）是信号波包中频率为 ω_s 分量的湮灭（产生）算符。为了讨论方便，已经假设光场分量与所有原子相互作用的耦合常数 g 是相等的，并且可以将光场相位 $\exp(ik_{sc}z_j)$ 定义到集体原子算符中，即

$$\sigma_{es}(k_s) = \frac{1}{\sqrt{N}} \sum_{j=1}^{N} |e_j\rangle\langle s_j| \exp(ik_s z_j)$$

$$\sigma_{ec}(k_c) = \frac{1}{\sqrt{N}} \sum_{j=1}^{N} |e_j\rangle\langle c_j| \exp(ik_c z_j)$$

$$\sigma_{cs}(k_{sc}) = \frac{1}{\sqrt{N}} \sum_{j=1}^{N} |c_j\rangle\langle s_j| \exp\left[i(k_s - k_c)z_j\right] \tag{3.3.13}$$

其中，$\sigma_{\alpha\beta}^\dagger = (\sigma_{\alpha\beta})^\dagger$（$\alpha,\beta = e,s,c$）。这种包含空间相干的集体原子算符是狄克在研究集体原子的超辐射效应时首次提出来的。

如果原子介质包含大量的原子，这些原子初始都被泵浦到基态 $|s\rangle$，并且只有少量原子在光场与原子相互作用过程中被激发，则存在对易关系

$$\left[\sigma_{\alpha\beta}(k),\sigma_{\alpha\beta}^\dagger(k')\right] \approx \delta_{kk'} \tag{3.3.14}$$

和对称的狄克态

$$|C^0\rangle = |s_1 s_2 \cdots s_N\rangle$$
$$|C_\alpha^n(k)\rangle = \frac{n!(N-n)!}{N!} \sum_{\{i_n\}}{}'' |s_1 \cdots \alpha_{i_1} \cdots \alpha_{i_n} \cdots s_N\rangle \cdot$$
$$\exp\left[ik(z_{i_1} + \cdots + z_{i_n})\right] \tag{3.3.15}$$

其中，$|C^0\rangle$ 表示狄克型基态，$|C_\alpha^n(k)\rangle$ 表示狄克 n 激子原子存储态。当 $\alpha = c$（$\alpha_{i_j} = c_{i_j}$，$i_j = 1,2,\cdots,n$）时，$k = k_s - k_c$，表示原子介质中 n 个原子经历拉曼过程后的态 $|C_c^n(k)\rangle$；当 $\alpha = e$（$\alpha_{i_j} = e_{i_j}$）时，$k = k_s$，表示原子介质中 n 个原子经历单光子过程后的态 $|C_e^n(k)\rangle$。$\sum_{\{i_n\}}{}''$ 表示为

$$\sum_{\{i_n\}}{}'' \equiv \underbrace{\sum_{i_1=1}^{N-n+1} \sum_{i_2=2}^{N-n+2} \cdots \sum_{i_{n-1}=n-1}^{N-1} \sum_{i_n=n}^{N}}_{i_1<i_2\cdots<i_n} \tag{3.3.16}$$

进一步，可以得到 n 激子暗态为

$$\left|D^n(k_s)\right\rangle = \frac{1}{\sqrt{n!}}\left(\Psi^\dagger(k_s)\right)^n|0\rangle\left|C^0\right\rangle = \sum_{m=0}^{n}\sqrt{\frac{n!}{m!(n-m)!}}\cos^{n-m}\theta\sin^m\theta|n-m\rangle\left|C_c^m(k_{sc})\right\rangle$$

$$(3.3.17)$$

其中，$\Psi(k_s) = \cos\theta a_{k_s} - \sin\theta\sigma_{sc}(k_{sc})$，$\tan^2\theta = \dfrac{g^2 N}{\Omega^2}$。当 θ 从 $\theta = 0$ 变为 $\theta = \dfrac{\pi}{2}$ 时，系统从 n 光子态 $|\Psi\rangle = |n\rangle|C^0\rangle$ 变为对应的原子存储态 $|\Psi\rangle = |0\rangle\left|C_c^n(k_{sc})\right\rangle$。

在现实情况下，光场的频率范围是有限的，可以将一个光子视为一个波包而不是一个理想的粒子。对于一个 n 光子态 $|n\rangle$，可以写为 n 光子波包态

$$|\Psi_1'\rangle = \sum_\omega f(\omega)\left(a^\dagger(\omega)\right)^n|0\rangle \qquad (3.3.18)$$

和对应的波包暗态

$$|\Psi_1\rangle = \sum_\omega f(\omega)\left|D^n(\omega)\right\rangle \qquad (3.3.19)$$

其中，$f(\omega)$ 是波包的频谱。容易证明 $H_I|\Psi_1\rangle = 0$，H_I 是哈密顿量中的相互作用部分。

式（3.3.18）和式（3.3.19）对应的波包只有一个中心频率。如果波包有两个中心频率，得到的就是双模波包，可以表示为

$$|\Psi_2'\rangle = \sum_{\omega_1\omega_2} f(\omega_1,\omega_2)\left(a^\dagger(\omega_1)\right)^m\left(a^\dagger(\omega_2)\right)^n|0\rangle \qquad (3.3.20)$$

其中，$f(\omega_1,\omega_2)$ 表示波包的频谱。同样，可以定义双模波包暗态为

$$|\Psi_2\rangle = \sum_{\omega_1\omega_2} f(\omega_1,\omega_2)\left|D^m(\omega_1),D^n(\omega_2)\right\rangle \qquad (3.3.21)$$

容易证明 $\sum_{i=1,2} H_I^i|\Psi_2\rangle = 0$。如果因式分解 $f(\omega_1,\omega_2) = f'(\omega_1)f''(\omega_2)$ 是不可能的，说明 $|\Psi_2'\rangle$ 或 $|\Psi_2\rangle$ 是纠缠态。

对于双模波包，当 θ_1 和 θ_2 绝热地、同步地从 $\theta_1 = \theta_2 = 0$ 变为 $\theta_1 = \theta_2 = \dfrac{\pi}{2}$，整个系统就会从双模光子波包态 $|\Psi_2\rangle = \sum_{\omega_1\omega_2} f(\omega_1,\omega_2)|m,n\rangle\left|C^0,C^0\right\rangle$ 转化为对应的原子存储态 $|\Psi_2\rangle = \sum_{\omega_1\omega_2} f(\omega_1,\omega_2)\left|C_c^m(\omega_1),C_c^n(\omega_2)\right\rangle|0,0\rangle$。当频谱方程是以 Ω_1 和 Ω_2 为中心频率的

δ 函数形式时，式（3.3.21）就会变为

$$\left|\Psi^{\pm}\right\rangle = \frac{1}{\sqrt{2}}\sum_{\omega_1\omega_2}\left[\delta(\omega_1-\Omega_1)\delta(\omega_2-\Omega_2)\pm\delta(\omega_1-\Omega_2)\delta(\omega_2-\Omega_1)\right]\left|D^m(\omega_1),D^n(\omega_2)\right\rangle$$

（3.3.22）

当 $\theta_1=\theta_2=0$ 时，系统处于 Bell 态 $\left|\Psi^{\pm}\right\rangle = \frac{1}{\sqrt{2}}\left[\left|m_{\Omega_1},n_{\Omega_2}\right\rangle\pm\left|m_{\Omega_2},n_{\Omega_1}\right\rangle\right]\left|C^0,C^0\right\rangle$；

当 $\theta_1=\theta_2=\frac{\pi}{2}$ 时，系统处于原子存储态 $\left|\Psi^{\pm}\right\rangle = \frac{1}{\sqrt{2}}\left[\left|C_c^m(\Omega_1),C_c^n(\Omega_2)\right\rangle\pm\left|C_c^m(\Omega_2),\right.\right.$
$\left.\left.C_c^n(\Omega_1)\right\rangle\right]\left|0,0\right\rangle$。上述对双模波包情况的讨论可以很容易地推广到中心频率大于两个波包的情况。

2. 纠缠双光子波包的可逆存储

待存储的纠缠双光子波包可以表示为

$$\left|\Psi\right\rangle = \sum_{\omega_1\omega_2}f(\omega_1,\omega_2)a^{\dagger}(\omega_1)a^{\dagger}(\omega_2)\left|0,0\right\rangle \tag{3.3.23}$$

此态可以通过自发参量下转换得到。在下面讨论中，假设纠缠双光子波包是通过 I 型自发参量下转换得到的，双光子波包的频谱可以表示为

$$f(\omega_1,\omega_2) = g(\omega_1+\omega_2-\Omega_p)\exp\left[\frac{(\omega_1-\Omega_1)^2}{2\sigma_1^2}+\frac{(\omega_2-\Omega_2)^2}{2\sigma_2^2}\right] \tag{3.3.24}$$

其中，Ω_1 和 σ_1 表示信号光的中心频率和带宽，Ω_2 和 σ_2 表示闲散光的中心频率和带宽。$\Omega_p=\Omega_1+\Omega_2$ 是泵浦光的中心频率。$g(x)$ 表示相位匹配，并假设满足高斯函数

$$g(\omega_1+\omega_2-\Omega_p) = A\exp\left[-\frac{(\omega_1+\omega_2-\Omega_p)^2}{2\sigma_p^2}\right] \tag{3.3.25}$$

其中，σ_p 是泵浦光的中心频率，A 是归一化常数。函数 $g(\omega_1+\omega_2-\Omega_p)$ 对于 ω_1 和 ω_2 不能因式分解，说明双模波包 $\left|\Psi\right\rangle$ 是纠缠的。当 $\sigma_p\to 0$ 时，式（3.3.25）趋于 δ 函数 $g(\omega_1+\omega_2-\Omega_p) = A\delta(\omega_1+\omega_2-\Omega_p)$，态 $\left|\Psi\right\rangle$ 具有最大的纠缠；当 $\sigma_p\to\infty$ 时，态 $\left|\Psi\right\rangle$ 是不纠缠的。图 3.29 给出了双光子波包的频谱，其中，$\Delta_1=\omega_1-\Omega_1$，$\Delta_2=\omega_2-\Omega_2$，$\gamma_s=\gamma_c=\gamma$，$\dfrac{\Omega_1}{\gamma}=\dfrac{\Omega_2}{\gamma}=100$，$\dfrac{\sigma_1}{\gamma}=\dfrac{\sigma_p}{\gamma}=0.5$。

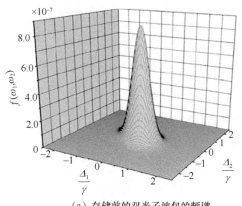

（a）存储前的双光子波包的频谱

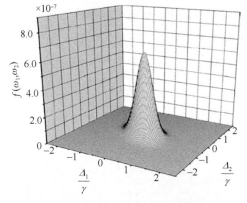

（b）提取后的双光子波包的频谱

图 3.29 双光子波包的频谱

一般情况下，本模型会受到系统本身及其环境的不完美的影响。对于前者，原子温度是应该考虑的最主要因素。由于多普勒效应，运动原子所感受到的光频率与光的真实频率不同，原子自旋相干应该加上一个与速度相关的相位因子 $\exp(\mathrm{i}k_{\alpha v_j}z_j)$，其中 $k_{\alpha v_j}=\dfrac{\omega_\alpha-v_jk_\alpha}{c}$（$\alpha=s,c$）。从而，可以通过引入与速度相关的集体原子算符 $\sigma_{\alpha\beta}(k_{\alpha v})$ 讨论原子热运动对纠缠双光子波包的存储的影响。对于后者，系统与环境的耦合以不可逆的方式诱导退相干和耗散。通过采用主方程法可以很容易地解决这一问题。

下面，通过数值模拟方法讨论纠缠双光子波包的存储。为了简化问题，假设信号光波包的中心频率和控制光场与原子跃迁 $|e\rangle\leftrightarrow|s\rangle$ 和 $|e\rangle\leftrightarrow|c\rangle$ 是共振的，初始原子被泵浦到了基态 $\left|C^0C^0\right\rangle$，原子速度满足麦克斯韦–玻耳兹曼分布，即

$$V(v) = \frac{1}{\sqrt{2\pi}D}\exp\left[-\frac{(k_\alpha v)^2}{2D^2}\right] \quad\quad (3.3.26)$$

其中，D 原子速度分布宽度。

假设控制光场随时间变化关系为

$$R(t) = R_0\left\{1 - 0.5\tanh[\beta(t-t_1)] + 0.5\tanh[\beta(t-t_2)]\right\} \quad\quad (3.3.27)$$

其中，R_0，β，t_1，t_2 是可调参数，$\dfrac{R_0}{\gamma}=10.0$，$\beta=0.1$，$\gamma t_1=50$，$\gamma t_2=150$。

图 3.29（b）给出提取后的双光子波包的频谱。可以看出，与图 3.29（a）相比，由于吸收和耗散效应，提取波包减弱。图 3.30 给出了在 $\omega_1=\Omega_1$ 条件下（其他参量同图 3.29），双光子波包投影在 ω_2 轴上后随时间演化的曲线，演化曲线具有传统基于 EIT 原理的光子存储方案的典型特征：当控制光场关闭时，光子波包被映射到原子介质中；当控制光场重新开启后，光子波包又重新被提取出来。

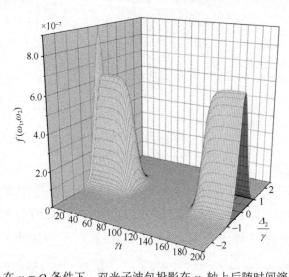

图 3.30　在 $\omega_1=\Omega_1$ 条件下，双光子波包投影在 ω_2 轴上后随时间演化的曲线

接下来，讨论原子热运动对纠缠双光子波包的影响。图 3.31 给出了在 $\gamma t=200$（其他参量同图 3.29）时刻，纠缠双光子波包提取效率（定义为 $\eta=\dfrac{f(\omega_1,\omega_2,t)}{f(\omega_1,\omega_2,0)}$，其中，$f(\omega_1,\omega_2,0)$ 为存储前的光谱，$f(\omega_1,\omega_2,t)$ 为提取后的光谱）随原子速度分布宽度 D 变化的曲线。曲线①～③分别对应于波包的频率分量 $\dfrac{\omega_1-\Omega_1}{\gamma}=\dfrac{\omega_2-\Omega_2}{\gamma}=0$，

0.25，0.5。从图 3.31 中可以发现，靠近中心频率的光子波包分量的提取效率大于远离中心频率的分量。随着原子速度分布宽度的增大，提取效率逐渐降低，光子波包分量偏离中心频率越远，提取效率减小得越快。由于光子波包的任意两个分量在高温下抵抗原子热运动的负面影响的能力的不平衡，提取的光子波包的谱线会失真。

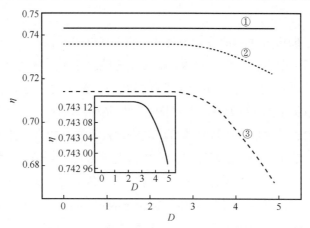

图 3.31　在 $\gamma t = 200$ 时刻，双光子波包提取效率 η 随原子速度分布宽度 D 变化的曲线

图 3.32 给出了在 $\gamma t = 200$（其他参量同图 3.29）时刻，提取效率 η 随退相干率 $\frac{\gamma_{sc}}{\gamma}$ 的变化曲线，曲线①~③对应的波包频率分量与图 3.31 中曲线①~③相同。从图 3.32 中可以发现，提取效率 η 随退相干率 $\frac{\gamma_{sc}}{\gamma}$ 近似线性减小。为了提高提取效率，一般应在低温状态下制备原子系统，并消除退相干、耗散等的影响。

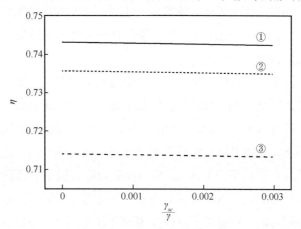

图 3.32　在 $\gamma t = 200$ 时刻，双光子波包提取效率 η 随退相干率 $\frac{\gamma_{sc}}{\gamma}$ 变化的曲线

3.4 本章小结

本章基于动态 EIT 效应讨论了弱信号光场、二维图像和纠缠光在原子介质中的存储与提取。

（1）研究了弱信号光场的存储与提取。将原子热运动的动量作为新的自变量，在原子内、外部自由度空间考虑问题。以 Λ 型三能级原子系统为例，分析了单模和多模弱信号光场的存储效果与两光束的传播状态、原子动量分布的宽度（原子温度）、原子的初始态之间的关系。在单模弱信号光场情况下，在两束光场同向传播时，系统无速度选择效应，信号光场可以较好地被存储与提取；在两束光场相向传播时，只有原子动量为特定值时系统才会出现 EIT 效应，光场能量损耗严重。在多模弱信号光场情况下，系统的暗态与弱信号光场的各模式有关，不存在单一的动量值满足所有的模式的暗态条件。只有在 Raman-Nath 近似下，所有模式才可能同时处在暗态上。由于多普勒自由条件，两光场同向传播情况要比相向传播情况时的存储效果好。在 Raman-Nath 近似下，由于忽略了动能算子的作用，存储效果恢复到与传统模型一样，进一步说明了原子热运动对弱信号光脉冲的可逆存储的负作用。

（2）研究了二维图像的存储与提取。提出了一种在三脚架型原子系统中基于 EIT 效应同时存储两幅图像的有效方案。通过在存储期间施加一束强度相关的信号光场，可以以可控的方式对存储的图像进行相干操作，在存储图像上施加具有低吸收的相移，从而有效地提高重建图像的可见性。提出了一种基于 N 型原子系统二维图像的优化存储方案。在耦合场完全关闭后，通过施加强度调制的信号光场和微波场调节原子自旋相干，在保证提取图像具有较高可见度前提下可以有效地增强或减弱提取图像的强度。

（3）研究了纠缠光的存储与提取。基于动态 EIT 方案，提出了用来描述纠缠在光模与原子间可逆转变的纠缠暗态，并将原子速度作为一个新的自变量，引入速度相关的集体原子算符，并以 Bell 态为例，通过数值模拟研究了原子热运动在纠缠转换过程中的影响。发现当满足多普勒自由条件（两光场同向传播且波失相等，与对应的原子跃迁发生共振耦合）时，纠缠的提取效率与原子热运动的剧烈程度几乎无关；否则，原子运动越剧烈，偏离多普勒条件越远，提取效果越差，越不适用于纠缠的存储与提取。进一步将光子存储扩展到了波包存储。通过引入波包暗态，清晰地描绘了波包存入原子介质和从原子介质中提取的动力学过程。在考虑环境影响和原子热运动的实际条件下，讨论了该方案的存储性能。

上述工作进一步加深了人们对热原子介质与不同形式的光场相互作用的认识，为有效提高基于 EIT 效应的存储器的性能，增加存储器的存储容量，提高信息处理的效率和速率提供了理论参考。

参考文献

[1] KOCHAROVSKAYA O A, KHANIN Y I, Coherent amplification of an ultrashort pulse in a 3-level medium without a population-inversion[J]. JETP Letters, 1989, 48(11): 581-584.

[2] HARRIS S E, FIELD J E, KASAPI A. Dispersive properties of electromagnetically induced transparency[J]. Physical Review A, Atomic, Molecular, and Optical Physics, 1992, 46(1): R29-R32.

[3] WEI C J, MANSON N B. Observation of the dynamic Stark effect on electromagnetically induced transparency[J]. Physical Review A, 1999, 60(3): 2540-2546.

[4] KASH M M, SAUTENKOV V A, ZIBROV A S, et al. Ultraslow group velocity and enhanced nonlinear optical effects in a coherently driven hot atomic gas[J]. Physical Review Letters, 1999, 82(26): 5229-5232.

[5] HARRIS S E. Lasers without inversion: interference of lifetime-broadened resonances[J]. Physical Review Letters, 1989, 62(9): 1033-1036.

[6] PHILLIPS D F, FLEISCHHAUER A, MAIR A, et al. Storage of light in atomic vapor[J]. Physical Review Letters, 2001, 86(5): 783-786.

[7] KOZUMA M, AKAMATSU D, DENG L, et al. Steep optical-wave group-velocity reduction and "storage" of light without on-resonance electromagnetically induced transparency[J]. Physical Review A, 2002: doi.org/10.1103/PhysRevA.66.031801.

[8] KARR J P, BAAS A, HOUDRÉ R, et al. Squeezing in semiconductor microcavities in the strong-coupling regim[J]. Physical Review A, 2004: doi.org/10.1103/PhysRevA.69.069901.

[9] CHEN Y F, KUAN P C, WANG S H, et al. Manipulating the retrieved frequency and polarization of stored light pulses[J]. Optics Letters, 2006, 31(23): 3511-3513.

[10] CHOI K S, DENG H, LAURAT J, et al. Mapping photonic entanglement into and out of a quantum memory[J]. Nature, 2008, 452(7183): 67-71.

[11] PAPP S B, CHOI K S, DENG H, et al. Characterization of multipartite entanglement for one photon shared among four optical modes[J]. Science, 2009, 324(5928): 764-768.

[12] LI D C, YUAN C H, CAO Z L, et al. Storage and retrieval of continuous-variable polarization-entangled cluster states in atomic ensembles[J]. Physical Review A, 2011: doi.org/10.1103/PhysRevA.84.022328.

[13] TOGAN E, CHU Y, TRIFONOV A S, et al. Quantum entanglement between an optical photon and a solid-state spin qubit[J]. Nature, 2010, 466(7307): 730-734.

[14] HARRIS S E, HAU L V. Nonlinear optics at low light levels[J]. Physical Review Letters, 1999, 82(23): 4611-4614.

[15] XIAO M. Novel linear and nonlinear optical properties of electromagnetically induced transparency systems[J]. IEEE Journal of Selected Topics in Quantum Electronics, 2003, 9(1): 86-92.

[16] KUANG L M, CHEN G H, WU Y S. Nonlinear optical properties of an electromagnetically induced transparency medium interacting with two quantized fields[J]. Journal of Optics B: Quantum and Semiclassical Optics, 2003, 5(4): 341-348.

[17] BRAJE D A, BALIĆ V, YIN G Y, et al. Low-light-level nonlinear optics with slow light[J]. Physical Review A, 2003: doi.org/10.1103/PhysRevA.68.041801.

[18] LING H Y, LI Y Q, XIAO M. Electromagnetically induced grating: Homogeneously broadened medium[J]. Physical Review A, 1998, 57(2): 1338-1344.

[19] DE ARAUJO L E E. Electromagnetically induced phase grating[J]. Optics Letters, 2010, 35(7): 977-979.

[20] MITSUNAGA M, IMOTO N. Observation of an electromagnetically induced grating in cold sodium atoms[J]. Physical Review A, 1999, 59(6): 4773-4776.

[21] BROWN A W, XIAO M. All-optical switching and routing based on an electromagnetically induced absorption grating[J]. Optics Letters, 2005, 30(7): 699-701.

[22] CARVALHO S A D, ARAUJO L E E D. Electromagnetically-induced phase grating: a coupled-wave theory analysis[J]. Optics Express, 2011, 19(3): 1936-1944.

[23] WEN J M, DU S W, CHEN H Y, et al. Electromagnetically induced Talbot effect[J]. Applied Physics Letters, 2011: doi.org/10.1063/1.3559610.

[24] ARTONI M, LA ROCCA G C. Optically tunable photonic stop bands in homogeneous absorbing media[J]. Physical Review Letters, 2006: doi.org/10.1103/PhysRevLett.96.073905.

[25] HE Q Y, WU J H, WANG T J, et al. Dynamic control of the photonic stop bands formed by a standing wave in inhomogeneous broadening solids[J]. Physical Review A, 2006: doi.org/10.1103/PhysRevA.73.053813.

[26] SU X M, HAM B S. Dynamic control of the photonic band gap using quantum coherence[J]. Physical Review A, 2005: 10.1103/PhysRevA.71.013821.

[27] GAO J W, ZHANG Y, BA N, et al. Dynamically induced double photonic bandgaps in the presence of spontaneously generated coherence[J]. Optics Letters, 2010, 35(5): 709-711.

[28] FLEISCHHAUER M, LUKIN M D. Dark-state polaritons in electromagnetically induced transparency[J]. Physical Review Letters, 2000, 84(22): 5094-5097.

[29] BRIEGEL H J, DÜR W, CIRAC J I, et al. Quantum repeaters: the role of imperfect local operations in quantum communication[J]. Physical Review Letters, 1998, 81(26): 5932-5935.

[30] ZHAO Z, YANG T, CHEN Y A, et al. Experimental realization of entanglement concentration and a quantum repeater[J]. Physical Review Letters, 2003: doi.org/10.1103/PhysRevLett.90.207901.

[31] SIMON C, DE RIEDMATTEN H, AFZELIUS M, et al. Quantum repeaters with photon pair sources and multimode memories[J]. Physical Review Letters, 2007: doi.org/10.1103/PhysRevLett.98.190503.

[32] DÜR W, BRIEGEL H J, CIRAC J I, et al. Quantum repeaters based on entanglement purification[J]. Physical Review A, 1999, 59(1): 169-181.

[33] AGHAMALYAN D, MALAKYAN Y. Quantum repeaters based on deterministic storage of a single photon in distant atomic ensembles[J]. Physical Review A, 2011: doi.org/10.1103/PhysRevA.84.042305.

[34] DUAN L M, LUKIN M D, CIRAC J I, et al. Long-distance quantum communication with atomic ensembles and linear optics[J]. Nature, 2001, 414(6862): 413-418.

[35] YUAN Z S, CHEN Y A, ZHAO B, et al. Experimental demonstration of a BDCZ quantum repeater node[J]. Nature, 2008, 454(7208): 1098-1101.

[36] ALZETTA G, GOZZINI A, MOI L, et al. An experimental method for the observation of r.f. transitions and laser beat resonances in oriented Na vapour[J]. Il Nuovo Cimento, 1976, 36(1): 5-20.

[37] KARPA L, VEWINGER F, WEITZ M. Resonance beating of light stored using atomic spinor polaritons[J]. Physical Review Letters, 2008: doi.org/10.1103/PhysRevLett.101.170406.

[38] CHOI K S, GOBAN A, PAPP S B, et al. Entanglement of spin waves among four quantum memories[J]. Nature, 2010, 468(7322): 412-416.

[39] ZHOU Z Q, HUA Y L, LIU X, et al. Quantum storage of three-dimensional orbital-angular-momentum entanglement in a crystal[J]. Physical Review Letters, 2015: doi.org/10.1103/PhysRevLett.115.070502.

[40] ZHANG W, DING D S, DONG M X, et al. Experimental realization of entanglement in multiple degrees of freedom between two quantum memories[J]. Nature Communications, 2016: doi.org/10.1038/ncomms13514.

[41] LI X, LIU X, ZHOU Z Q, et al. Solid-state quantum memory for hybrid entanglement involving three degrees of freedom[J]. Physical Review A, 2020: doi.org/10.1103/PhysRevA.101.052330.

[42] YAN Z H, WU L, JIA X J, et al. Establishing and storing of deterministic quantum entanglement among three distant atomic ensembles[J]. Nature Communications, 2017: doi.org/10.1038/s41467-017-00809-9.

[43] JING B, WANG X J, YU Y, et al. Entanglement of three quantum memories via interference of three single photons[J]. Nature Photonics, 2019, 13(3): 210-213.

[44] YU Y, MA F, LUO X Y, et al. Entanglement of two quantum memories via fibres over dozens of kilometres[J]. Nature, 2020, 578(7794): 240-245.

[45] AXLINE C J, BURKHART L D, PFAFF W, et al. On-demand quantum state transfer and

entanglement between remote microwave cavity memories[J]. Nature Physics, 2018, 14(7): 705-710.

[46] CAO M T, HOFFET F, QIU S W, et al. Efficient reversible entanglement transfer between light and quantum memories[J]. Optica, 2020: doi.org/10.1364/OPTICA.400695.

[47] PU Y F, WU Y K, JIANG N, et al. Experimental entanglement of 25 individually accessible atomic quantum interfaces[J]. Science Advances, 2018: doi.org/ 10.1126/sciadv.aar39.

[48] CHANG W, LI C, WU Y K, et al. Long-distance entanglement between a multiplexed quantum memory and a telecom photon[J]. Physical Review X, 2019: doi.org/10.1103/PhysRevX. 9.041033.

[49] LI C, WU Y K, CHANG W, et al. High-dimensional entanglement between a photon and a multiplexed atomic quantum memory[J]. Physical Review A, 2020: doi.org/10.1103/PhysRevA. 101.032312.

[50] DOU J P, YANG A L, DU M Y, et al. A broadband DLCZ quantum memory in room-temperature atoms[J]. Communications Physics, 2018: doi.org/10.1038/s42005-018-0057-9.

第4章
基于拉曼过程的频率纠缠和
极化–频率纠缠的高效制备

纠缠光子对现已成为量子信息处理和量子通信的重要物理资源[1-3]。其中，在相位匹配条件下，通过自发参量下转换得到的极化纠缠是最易制备、应用范围广、最容易操作的纠缠形式[4]。尽管如此，一方面，光子由于具有极化特性，对环境非常敏感；另一方面，环境的影响会导致信息的载体（光子）丢失，从而导致光子在某些领域的应用（如长距离量子通信等）受到极大的限制，面对挑战，其中一种解决途径就是求助于其他受环境影响较小的纠缠形式。实验已经证明光子的频率比其极化稳定，频率纠缠更适合用于长距离的量子通信[5-6]。

到目前为止，不同形式的纠缠均可以在实验室制备。然而，它们共有的一些弊端就是：具有概率特性、转换效率比较低、多光子产生概率较高。本章基于极化纠缠光子对的拉曼过程，提出了频率纠缠和极化–频率纠缠的制备方案。为了提高原子与光场的相互作用，两个 M 型原子系统分别被囚禁在两个分离的光腔中。引入对称的狄克态，可便于描述系统。在大失谐情况下，绝热消除了激发态，本章在理想模型和非理想模型情况下研究了极化纠缠光子对的拉曼过程，以及频率纠缠和极化–频率纠缠的产生过程，得到了由极化纠缠向频率纠缠和极化–频率纠缠转换的确定性条件，最后讨论了原子热运动对上述纠缠转换的影响，得到了近似理想模型所需要满足的条件，为相关实验提供了理论参考。

4.1 纠缠光子对与原子相互作用模型

基于极化纠缠光子对的拉曼过程制备的频率纠缠和极化-频率纠缠模型包含两个完全相同的空间分离的子系统（A 和 B），如图 4.1（a）所示。在每个子系统中，N 个完全相同并且相互独立的原子沿光轴方向均匀分布，并被囚禁在多模光腔中（腔轴与光轴方向重合），每个原子包括两个激发态（$|e_-\rangle,|e_+\rangle$）和 3 个基态（$|g_-\rangle,|g\rangle,|g_+\rangle$），构成 M 型五能级原子系统，如图 4.1（b）所示。此五能级原子系统来自处于磁场作用下的原子能级的超精细分裂，以 ^{87}Rb 原子为例，两个激发态 $|e_-\rangle$ 和 $|e_+\rangle$ 分别对应于能级 $|^5P_{3/2}, F'=1, m_F=-1\rangle$ 和 $|^5P_{3/2}, F'=1, m_F=1\rangle$，而 3 个基态 $|g_-\rangle$、$|g\rangle$ 和 $|g_+\rangle$ 分别对应于能级 $|^5S_{1/2}, F=1, m_F=-1\rangle$、$|^5S_{1/2}, F=2, m_F=0\rangle$ 和 $|^5S_{1/2}, F=2, m_F=1\rangle$。基态 $|g_-\rangle$ 和 $|g_+\rangle$ 之间的能级分裂达到 7 GHz。此模型按照如下方式工作：初始阶段中，所有的原子均被制备在基态 $|g\rangle$ 上，极化纠缠光子对被极化分束器分成两束光模，分别入射到两个原子集 A 和 B 中。中心频率为 ω_H（波数为 k_H）的水平极化的光子脉冲首先穿过一个 $\frac{\lambda}{4}$ 波片而被转换为左旋偏振脉冲，即 $|H\rangle \rightarrow |\sigma^-\rangle$，再通过腔的左侧反射镜进入腔中（假设此反射镜对此频率的光子是透射的）。左旋偏振的光子激发原子跃迁 $|g\rangle \rightarrow |e_-\rangle$，同时通过拉曼过程产生一个频率为 ω_- 的反斯托克斯光子。反斯托克斯光子通过右侧反射镜离开腔（同样假设此反射镜对此频率的光子是透射的）。通过探测产生的反斯托克斯光子，就可以知道受激发的原子是否衰变到基态 $|g_-\rangle$。同样，中心频率为 ω_V（波数为 k_V）的垂直极化的光子脉冲经历了类似于水平极化光子脉冲的过程，只是它被转化为右旋偏振脉冲，即 $|H\rangle \rightarrow |\sigma^+\rangle$，而激发原子跃迁 $|g\rangle \rightarrow |e_+\rangle$，同时产生一个频率为 ω_+ 的斯托克斯光子。此过程将两个光子间的纠缠信息映射到两个原子集和产生的（反）斯托克斯光子中。在一段时间后，通过应用强度为 E_{Hc} 和 E_{Vc}（频率为 ω_{Hc} 和 ω_{Vc}）、π-极化的控制光场作用于原子跃迁 $|e_-\rangle \rightarrow |g_-\rangle$ 和 $|e_+\rangle \rightarrow |g_+\rangle$，再经过一次拉曼过程后，原子集间的纠缠信息可以根据需要被提取出来。

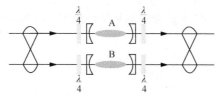

（a）两个完全相同的空间分离的子系统

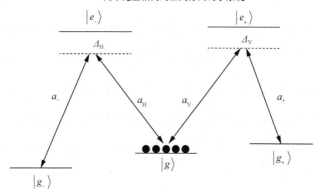

（b）M 型五能级原子系统

图 4.1　高效制备频率纠缠和极化−频率纠缠模型

4.2　系统哈密顿量

为了讨论方便，假设单光子失谐满足双光子共振条件，即

$$\omega_{e_-g} - \omega_H = \omega_{e_-g_-} - \omega_- = \Delta_H$$
$$\omega_{e_+g} - \omega_V = \omega_{e_+g_+} - \omega_+ = \Delta_V \tag{4.2.1}$$

其中，ω_{ij}（$i, j = g, g_-, g_+, e_-, e_+$）是原子跃迁的共振频率。另外，同样假设极化纠缠的两束光模（两束控制光场）的中心频率也是相同的，即 $\omega_H = \omega_V = \omega$（$\omega_{Hc} = \omega_{Vc} = \omega'$）。

假设初始时刻所有的原子均被制备在基态 $|g\rangle$ 上。对于此原子集系统，可以有效且方便地描述对称的狄克态。根据参考文献[7]，可以引入狄克态为

$$|g^{(1)}\rangle = |g_1, g_2, \cdots, g_N\rangle$$
$$|g_\pm^{(1)}\rangle = \frac{1}{\sqrt{N}} \sum_{n=1}^{N} e^{i(k - k_{Hc})z_n} |g_1, g_2, \cdots, (g_\pm)_n, \cdots, g_N\rangle$$
$$|e_\pm^{(1)}\rangle = \frac{1}{\sqrt{N}} \sum_{n=1}^{N} e^{ikz_n} |g_1, g_2, \cdots, (e_\pm)_n, \cdots, g_N\rangle \tag{4.2.2}$$

在相互作用空间中，在电偶极近似和旋波近似下，每个子系统的哈密顿量可以写为

$$H = \hbar\Delta_{\mathrm{H}}\sigma_{e_-e_-} + \hbar\Delta_{\mathrm{V}}\sigma_{e_+e_+}$$
$$+\hbar\left[g_{\mathrm{H}}a_{\mathrm{H}}\sigma_{e_-g} + g_-a_-\sigma_{e_-g_-} + g_{\mathrm{V}}a_{\mathrm{V}}\sigma_{e_+g} + g_+a_+\sigma_{e_+g_+} + \mathrm{H.c.}\right] \quad (4.2.3)$$

其中，σ_{ij}（$i,j = g, g_-, g_+, e_-, e_+$）是集体态 $\left|i^{(1)}\right\rangle$ 和 $\left|j^{(1)}\right\rangle$ 间的翻转算符，被定义为 $\sigma_{ij} = \left|i^{(1)}\right\rangle\left\langle j^{(1)}\right|$，$a_x$（$a_x^\dagger$）（$x = \mathrm{H, V, -, +}$）是 4 个腔模的湮灭（产生）算符。$g_x$ 是对应于原子跃迁的耦合常数的 $\frac{1}{2}$。不失一般性，在本章讨论中，假设 g_x 为实数。

在大失谐情况下，即 $\Delta_{\mathrm{H}}, \Delta_{\mathrm{V}} \gg g_x$，集体原子激发态 $\left|e_-^{(1)}\right\rangle$ 和 $\left|e_+^{(1)}\right\rangle$ 只有在光场与原子相互作用的过程中才会被激发。因此，$\left|e_-^{(1)}\right\rangle$ 和 $\left|e_+^{(1)}\right\rangle$ 可以被绝热消除[8,9]。式（4.2.3）可简化为

$$H_{\mathrm{eff}} = \hbar G_{\mathrm{H}}\sqrt{N}S_-^\dagger a_-^\dagger a_{\mathrm{H}} + \hbar G_{\mathrm{V}}\sqrt{N}S_+^\dagger a_+^\dagger a_{\mathrm{V}} + \mathrm{H.c.} \quad (4.2.4)$$

其中，$G_{\mathrm{H}} = \dfrac{g_{\mathrm{H}}g_-}{\Delta_{\mathrm{H}}}$（$G_{\mathrm{V}} = \dfrac{g_{\mathrm{V}}g_+}{\Delta_{\mathrm{V}}}$）是对应于拉曼过程 $\left|g^{(1)}\right\rangle \to \left|e_-^{(1)}\right\rangle \to \left|g_-^{(1)}\right\rangle$（$\left|g^{(1)}\right\rangle \to \left|e_+^{(1)}\right\rangle \to \left|g_+^{(1)}\right\rangle$）的有效拉比频率。对应于不同极化光子的集体原子自旋算符定义为 $S_m^\dagger = \left|g_m^{(1)}\right\rangle\left\langle g^{(1)}\right|$（$m = -, +$），并且满足 $S_m = (S_m^\dagger)^\dagger$。需要注意的是，消除激发态过程中丢掉了描述能级偏移的项，这是因为通过引入另一能级到此原子系统，并用另一束激光与对应的能级非共振耦合，可以将能级偏移补偿回来。这是在绝热消除激发态过程中最常用的一种简便方法。

4.3 理想情况下的频率纠缠制备

根据式（4.2.4）和光子的极化特性，存在如式（4.3.1）所示的一一对应的映射关系。

$$\begin{pmatrix} |H\rangle_\omega\left|g^{(1)}\right\rangle \to |1\rangle_{\omega_-}\left|g_-^{(1)}\right\rangle \\ |V\rangle_\omega\left|g^{(1)}\right\rangle \to |1\rangle_{\omega_+}\left|g_+^{(1)}\right\rangle \end{pmatrix} \quad (4.3.1)$$

由于多原子的集体效应以及腔的存在极大地增强了原子与光场的相互作用，因此式（4.3.1）中的一一映射关系是确定性的，而非概率性的。经过拉曼过程后，原子所

处的态和产生的（反）斯托克斯光子的频率由入射光子脉冲的特性和极化决定。例如，对整个系统来说，当入射的两束光子处于极化纠缠态 $|\psi\rangle_{\text{in}} = \frac{1}{\sqrt{2}}\left(|HV\rangle_\omega + |VH\rangle_\omega\right)$（假设两束光模的频率均为 ω）时，根据式（4.3.1）中的一一映射关系，经过上述演化过程后，整个系统将处于四体 GHZ（Greenberger-Horne-Zeilinger）态，可表示为

$$|\psi\rangle_{\text{total}} = |\psi_+\rangle_{\text{atom}} \otimes |\psi_+\rangle_{\text{FEE}} + |\psi_-\rangle_{\text{atom}} \otimes |\psi_-\rangle_{\text{FEE}} \qquad (4.3.2)$$

其中，式（4.3.2）中的各量子态定义为 $|\psi_\pm\rangle_{\text{atom}} = \frac{1}{\sqrt{2}}\left(\left|g_-^{(1)} g_+^{(1)}\right\rangle \pm \left|g_+^{(1)} g_-^{(1)}\right\rangle\right)$，$|\psi_\pm\rangle_{\text{FEE}} = \frac{1}{\sqrt{2}}\left(|\omega_-\omega_+\rangle \pm |\omega_-\omega_+\rangle\right)$。因此，不仅光子与光子之间、原子与原子之间存在纠缠，原子与光子之间同样存在纠缠。如果对原子集进行 Bell 测量，整个系统将塌缩到光子纠缠态 $|\psi_+\rangle_{\text{FEE}}$ 或 $|\psi_-\rangle_{\text{FEE}}$，概率为 $\frac{1}{2}$。考虑操作 $|\psi_+\rangle_{\text{FEE}} \to \sigma_z |\psi_-\rangle_{\text{FEE}}$，其中，$\sigma_z$ 是 1-qubit 相位门，可以确定性地得到需要的目标态。同样地，可以确定性地得到纠缠的原子集态 $|\psi_+\rangle_{\text{atom}}$ 或 $|\psi_-\rangle_{\text{atom}}$。

4.4　高效制备频率纠缠的条件

在实际实验过程中，4.3 节讨论的理想模型是不存在的。一般情况下，例如，当一水平极化的光子进入光腔中与原子相互作用后，光子和原子所处的共同态为

$$|\psi\rangle_{\text{out}} = \sqrt{1-p}\left|g^{(1)}\right\rangle \otimes |1\rangle_{\omega_{\text{H}}} |0\rangle_{\omega_-} + \sqrt{p}\left|g_-^{(1)}\right\rangle \otimes |0\rangle_{\omega_{\text{H}}} |1\rangle_{\omega_-} \qquad (4.4.1)$$

其中，p 是产生（反）斯托克斯光子的概率。由于光子损失以及量子通道上的各种缺陷，上面所讨论的极化纠缠光子对的拉曼过程仍然是概率性的。因此，产生的斯托克斯和反斯托克斯光子所处的态与概率 p 相关，可以写为 $|\psi\rangle^p = \frac{p}{\sqrt{2}}\left(|1\rangle_{\omega_-}|1\rangle_{\omega_+} + |1\rangle_{\omega_+}|1\rangle_{\omega_-}\right)$。根据两体纠缠公认的量度 Concurrence（简记为 C），出射的频率纠缠光子对的纠缠度为 $C=p^2$。随着产生（反）斯托克斯光子概率 p 的下降，由两束出射光子构成的频率纠缠态的纠缠度以平方的形式急剧减小。再经过一次拉曼过程后，提取光子的概率将更小，继而由提取的光子构成的极化−频率纠缠态的纠缠度约为概率 p 的四次方。显然，要想获得纠缠度高的频率纠缠或极化−频率纠缠，产生（反）斯托克斯光子的概率 p 必须接近于 1。

接下来，通过理论推导来证明此模型在一定条件下，甚至在单光子失谐 Δ_H 和 Δ_V 非常大的情况下（$\Delta_H, \Delta_V \gg g_x$），产生（反）斯托克斯光子的概率 $p \simeq 1$。本章模型保证单光子失谐足够大是为了减小原子从激发态向基态自发辐射时的损失以及由其他激发态引起的失相效应。另外，为了保证原子与光子之间充分的相互作用，假设原子集被限制在高精细的光腔中，并且沿着腔轴方向按铅笔形状均匀分布。这些辅助措施的加入能够有效增强原子与光场的相互作用，从而提高（反）斯托克斯光子的产生概率 p。再者，考虑到在实验技术领域的最新进展（如单光子探测技术、提取在腔中的（反）斯托克斯光子技术等）和空心光子晶体纤维等最新实验材料的优点，本章模型（如图 4.1 所示）能够按接近于 1 的概率确定性地工作。

现在讨论高效产生（反）斯托克斯光子的条件。根据式（4.2.4），可以得到 a_x 的海森伯-朗之万方程为

$$\dot{a}_H(t) = -\mathrm{i}G_H\sqrt{N}S_- a_-(t) - \frac{1}{2}\gamma_H a_H(t) + \sqrt{\gamma_H}\, a_{H,\mathrm{in}}(t)$$

$$\dot{a}_-(t) = -\mathrm{i}G_H\sqrt{N}S_-^{\dagger} a_H(t) - \frac{1}{2}\gamma_- a_-(t) + \sqrt{\gamma_-}\, a_{-,\mathrm{in}}(t)$$

$$\dot{a}_V(t) = -\mathrm{i}G_V\sqrt{N}S_+ a_+(t) - \frac{1}{2}\gamma_V a_V(t) + \sqrt{\gamma_V}\, a_{V,\mathrm{in}}(t)$$

$$\dot{a}_+(t) = -\mathrm{i}G_V\sqrt{N}S_+^{\dagger} a_V(t) - \frac{1}{2}\gamma_+ a_+(t) + \sqrt{\gamma_+}\, a_{+,\mathrm{in}}(t) \tag{4.4.2}$$

其中，$a_{x,\mathrm{in}}(t)$（$a_{x,\mathrm{in}}^{\dagger}(t)$）（$x = \mathrm{H, V, -, +}$）是入射的各光模的湮灭（产生）算符，并且满足关系式 $\left[a_{x,\mathrm{in}}(t), a_{y,\mathrm{in}}^{\dagger}(t') \right] = \delta_{xy}\delta(t-t')$，$\gamma_x$（$x = \mathrm{H, V, -, +}$）分别是各腔模的衰变率。为了讨论方便，这里忽略了由荧光辐射出光腔引起的光子损失。

如果入射的光子脉冲持续时间 $T \gg (\gamma_l)^{-1}$，经过足够长时间后[10-11]，式（4.4.2）的解为

$$a_H(t) = \frac{2}{\sqrt{\chi_H}}\frac{1}{1+\eta_H S_- S_-^{\dagger}}[a_{H,\mathrm{in}}(t) - \mathrm{i}\sqrt{\eta_H}S_- a_{-,\mathrm{in}}(t)]$$

$$a_-(t) = \frac{2}{\sqrt{\gamma_-}}\frac{1}{1+\eta_H S_-^{\dagger} S_-}[a_{-,\mathrm{in}}(t) - \mathrm{i}\sqrt{\eta_H}S_-^{\dagger} a_{H,\mathrm{in}}(t)]$$

$$a_V(t) = \frac{2}{\sqrt{\chi_V}}\frac{1}{1+\eta_V S_+ S_+^{\dagger}}[a_{V,\mathrm{in}}(t) - \mathrm{i}\sqrt{\eta_V}S_+ a_{+,\mathrm{in}}(t)]$$

$$a_+(t) = \frac{2}{\sqrt{\gamma_+}}\frac{1}{1+\eta_V S_+^{\dagger} S_+}[a_{+,\mathrm{in}}(t) - \mathrm{i}\sqrt{\eta_V}S_+^{\dagger} a_{V,\mathrm{in}}(t)] \tag{4.4.3}$$

其中，$\eta_l = \dfrac{4NG_l^2}{\gamma_l^2}$（$l = \text{H, V}$）。

根据光腔中的入射光场与出射光场之间的关系，即

$$a_{x,\text{out}}(t) = \sqrt{\gamma_x}\, a_x(t) - a_{x,\text{in}}(t), \qquad x = \text{H, V}, -, + \qquad (4.4.4)$$

从式（4.4.4）可知，出射光场（$a_{x,\text{out}}(t)$）与入射光场（$a_{x,\text{in}}(t)$）和腔中光场（$a_x(t)$）有关。通过出射光子算符 $n_{x,\text{out}}(t)$，定义 $n_{x,\text{out}}(t) = \displaystyle\int_{-\infty}^{t} a_{x,\text{out}}^{\dagger}(\tau) a_{x,\text{out}}(\tau)\mathrm{d}\tau$，可以得到出射光子的平均光子数为

$$n_{x,\text{out}}(t) = \left\langle n_{x,\text{out}}(t) \right\rangle \qquad (4.4.5)$$

并且满足关系式

$$\frac{\mathrm{d}n_{x,\text{out}}(t)}{\mathrm{d}t} = \left\langle a_{x,\text{out}}^{\dagger}(t) a_{x,\text{out}}(t) \right\rangle \qquad (4.4.6)$$

更加详细的表达式为

$$\frac{\mathrm{d}n_{l,\text{out}}(t)}{\mathrm{d}t} = \frac{(1-\eta_l)^2}{(1+\eta_l)^2}\left|f_l(t)\right|^2$$

$$\frac{\mathrm{d}n_{-,\text{out}}(t)}{\mathrm{d}t} = \frac{4\eta_\text{H}}{(1+\eta_\text{H})^2}\left|f_\text{H}(t)\right|^2$$

$$\frac{\mathrm{d}n_{+,\text{out}}(t)}{\mathrm{d}t} = \frac{4\eta_\text{V}}{(1+\eta_\text{V})^2}\left|f_\text{V}(t)\right|^2 \qquad (4.4.7)$$

其中，$f_l(t)$ 是时间相关的脉冲轮廓，满足 $\displaystyle\int_{-\infty}^{+\infty}\left|f_l(t)\right|^2\mathrm{d}t = 1$，$l = \text{H, V}$。为了得到式（4.4.7），假设 $S_m S_m^{\dagger}\left|\psi\right\rangle_{\text{in}} \simeq \left|\psi\right\rangle_{\text{in}}$，$\left\langle a_{m,\text{in}}^{\dagger}(t) a_{m,\text{in}}(t) \right\rangle = 0$（$m = -, +$）。从式（4.4.7）可以看出，（反）斯托克斯光子脉冲形状与入射光子脉冲形状完全一样。在整个过程中，光子数守恒，$\displaystyle\sum_m n_{m,\text{out}}(\infty) + \sum_l n_{l,\text{out}}(\infty) = \sum_l n_{l,\text{in}}(\infty) = 2$。定义得到（反）斯托克斯光子的概率 $p = \dfrac{\displaystyle\sum_m n_{m,\text{out}}(\infty)}{\displaystyle\sum_l n_{l,\text{in}}(\infty)}$，则要获得理想的结果（$p = 1$），需要满足 $\eta_l = 1$，即

$$4NG_l^2 = \gamma^2 \qquad (4.4.8)$$

其中，已经假设 $\gamma_H = \gamma_V = \gamma$。到此为止，就推导出了确定性产生（反）斯托克斯光子的条件，这也是本章讨论的确定性产生频率纠缠和极化-频率纠缠的条件。当不满足式（4.4.8）时，由于光子损失、量子通道的各种缺陷以及（反）斯托克斯光子反向转换为入射频率光子（虽然这一过程非常弱）等，上述转换过程就变为概率性的了。

4.5 极化-频率纠缠的制备

经过一段时间后，根据需要打开的控制光场（E_{Hc} 和 E_{Vc}）、式（4.2.4）和光子的极化特性，原子自旋激子将经过如式（4.5.1）所示的一一映射过程。

$$\begin{pmatrix} |\omega'\rangle|g_-^{(1)}\rangle \to |H\rangle_{\omega_H'}|g^{(1)}\rangle \\ |\omega'\rangle|g_+^{(1)}\rangle \to |V\rangle_{\omega_V'}|g^{(1)}\rangle \end{pmatrix} \tag{4.5.1}$$

当此过程完全结束后，所有的原子又将回到基态 $|g^{(1)}\rangle$，提取的光子将会处于态 $|\psi_\pm\rangle_{\text{PFEH}} = \dfrac{1}{\sqrt{2}}\left(|H\rangle_{\omega_H'}|V\rangle_{\omega_V'} \pm |V\rangle_{\omega_V'}|H\rangle_{\omega_H'}\right)$ 上。相比较于入射的极化纠缠态 $|\psi\rangle_{\text{in}}$（只在光子极化自由度上存在纠缠），提取的态 $|\psi_\pm\rangle_{\text{PFEH}}$ 在频率和极化两个自由度上均存在纠缠，这是一个极化-频率纠缠态。

通过以上分析可以看到，通过本章模型，极化纠缠的光子对经过拉曼过程后，不但光子所携带的纠缠信息可以被转移到原子介质中，使两个原子集实现纠缠，同时产生了一对频率纠缠的光子，而且通过打开控制光场再次经过拉曼过程后，当所有的原子再次回到基态 $|g^{(1)}\rangle$ 时，发现提取的两束光模处于极化-频率纠缠态。当然，本章模型同样适用于其他形式的极化纠缠态，如 $\dfrac{1}{\sqrt{2}}\left(|HH\rangle_\omega + e^{i\phi}|VV\rangle_\omega\right)$，而且可以很容易地被扩展到多体极化纠缠态。因此，本章模型在量子信息处理和量子计算中具有重要的潜在应用价值。

4.6 多普勒展宽的影响

以上讨论假设原子温度非常低，忽略了由原子热运动引起的多普勒展宽。本节重点讨论多普勒展宽对本章所研究的极化纠缠光子对的拉曼过程的影响。因为在实际情况下，原子是不可能完全静止不动的。假设原子速率满足麦克斯韦-玻耳兹曼分布，即

$$f(k_x v) = \frac{1}{\sqrt{2\pi}D} \exp\left[-\frac{(k_x v)^2}{2D^2}\right] \qquad (4.6.1)$$

其中，$D = \sqrt{\dfrac{kT\omega_x^2}{Mc^2}}$（$x = \mathrm{H,V,-,+}$）（$k$ 是波耳兹曼常数，T 是原子温度，M 是原子质量）是原子速度分布宽度，其大小决定原子热运动的强度，则产生（反）斯托克斯光子的概率 p 约为

$$p = \int_{-\infty}^{+\infty} \sum_{l=\mathrm{H,V}} \frac{2\Delta_l^2(\Delta l - kv)^2}{[\Delta_l^2 + (\Delta l - kv)^2]^2} f(kv)\mathrm{d}kv \qquad (4.6.2)$$

其中，为了讨论方便，假设 $\Delta_{\mathrm{H}} = \Delta_{\mathrm{V}} = \Delta$。通过式（4.6.2）得到的数值模拟结果如图 4.2 所示，横纵坐标数据均做无量纲化处理。在这种情况下，可以看到产生（反）斯托克斯光子的概率 p 接近于 1，并且随着原子速度分布宽度的增大变化非常小。这是由于在满足式（4.4.8）的情况下，式（4.6.2）的主要贡献来自原子热运动速度分布的最概然速率 v_p 附近的原子概率。在本章所考虑的速度分布宽度变化范围内，最概然速率 v_p 非常小，引起的多普勒频移的大小相对于失谐 Δ 可以忽略，即 $\Delta - kv_p \approx \Delta$，因此 $p \approx 1$。结果表明，只要失谐 Δ 选择得足够大，本章模型可以忽略原子热运动的影响，并且这与前文的讨论中绝热消除激发态的条件相一致。作为比较，图 4.2 给出了失谐 Δ 比较小时的 p 随 D 变化的曲线（如图 4.2 中虚线所示），可以发现此情况下的 p 明显小于大失谐条件下的 p，这可归结于由自发辐射导致的光子损失。另外，可以发现在给定某一个确定的失谐的情况下，在一个非常小的原子速度分布范围附近，概率 p 比较大。分析发现，满足 $\Delta - kv \approx 0$ 的速度 v 的分布概率越大，概率 p 就越大。因此，在实际实验过程中，可以通过满足单光子大失谐条件和尽量降低原子的温度（在某些情况下，考虑两值的相对大小）来实现本章所讨论的频率纠缠和极化–频率纠缠的确定性制备，其中，波色–爱因斯坦凝聚（Bose-Einstein Condensation，BEC）是本章模型中原子介质的理想选择。相对于热原子，BEC 中的原子几乎是静止的，能够最大限度地提高腔场与原子之间的耦合，最大限度地降低由原子热运动引起的多普勒效应的影响。

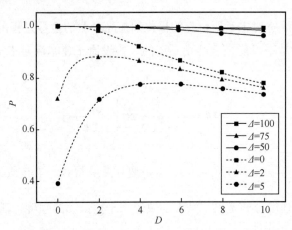

图 4.2 （反）斯托克斯光子产生概率 p 在不同的单光子失谐 Δ 情况下随多普勒展宽 D 变化的曲线

4.7 本章小结

　　本章基于极化纠缠光子对的拉曼过程提出了制备频率纠缠和极化-频率纠缠模型。此模型主要由两个分离的原子集构成，每个原子集包含 N 个 M 形相互独立的原子，它们被限制在高精细的光腔中来增强原子与光场的相互作用。为了方便讨论，引入了对称的狄克态来描述系统，并在大失谐情况下绝热消除了激发态。本章分析了在理想情况下和非理想情况下极化纠缠光子对的拉曼过程，以及频率纠缠和极化-频率纠缠的产生过程，发现当满足条件 $4NG_i^2 = \gamma^2$ 时，产生频率纠缠和极化-频率纠缠的概率为 1。本章还讨论了原子热运动对上述纠缠的转换的影响，发现在单光子大失谐和超低原子温度时，近似满足理想模型条件，本章介绍的工作可为相关的实验提供理论参考。

参考文献

[1] GOTTESMAN D, CHUANG I L. Demonstrating the viability of universal quantum computation using teleportation and single-qubit operations[J]. Nature, 1999, 402(6760): 390-393.

[2] DUAN L M, LUKIN M D, CIRAC J I, et al. Long-distance quantum communication with atomic ensembles and linear optics[J]. Nature, 2001, 414(6862): 413-418.

[3] HORODECKI R, HORODECKI P, HORODECKI M, et al. Quantum entanglement[J]. Reviews of Modern Physics, 2009, 81(2): 865-942.

[4]　KWIAT P G, MATTLE K, WEINFURTER H, et al. New high-intensity source of polarization-entangled photon pairs[J]. Physical Review Letters, 1995, 75(24): 4337-4341.

[5]　GISIN N, RIBORDY G, TITTEL W, et al. Quantum cryptography[J]. Reviews of Modern Physics, 2002, 74(1): 145-195.

[6]　NAIK D S, PETERSON C G, WHITE A G, et al. Entangled State Quantum Cryptography: Eavesdropping on the Ekert Protocol[J]. Physical Review Letters, 2000, 84(20), 4733.

[7]　FLEISCHHAUER M, LUKIN M D. Quantum memory for photons: dark-state polaritons[J]. Physical Review A, 2002: doi.org/10.1103/PhysRevA.65.022314.

[8]　PELLIZZARI T. Quantum networking with optical fibres[J]. Physical Review Letters, 1997, 79(26): 5242-5245.

[9]　CLARK S, PENG A, GU M L, et al. Unconditional preparation of entanglement between atoms in cascaded optical cavities[J]. Physical Review Letters, 2003: doi.org/10.1103/PhysRevLett. 91.177901.

[10]　DUAN L M, KUZMICH A, KIMBLE H J. Cavity QED and quantum-information processing with "hot" trapped atoms[J]. Physical Review A, 2003: doi.org/10.1103/PhysRevA.67.032305.

[11]　DUAN L M, KIMBLE H J. Scalable photonic quantum computation through cavity-assisted interactions[J]. Physical Review Letters, 2004: doi.org/10.1103/PhysRevLett.92.127902.

第 5 章
静态光脉冲形式的光信息存储

与基于量子态在光与原子自旋相干之间可逆映射形式的光信息存储方案不同，在两束反向传播控制光场作用下，四波混频效应产生的静态光脉冲的群速度可以为零[1-2]，显著增加光场与原子相互作用的时间，在弱光非线性光学和无腔光量子信息处理领域具有重要的潜在应用价值。静态光脉冲自被提出以来，受到科学家的广泛关注，在不同的介质中取得了非常多的有意义的结果[3-8]。

静态光脉冲一般会经历快速的衰变和扩散[9]。为实现静态光脉冲的高效制备，推进其在大容量、高速率信息处理等方面的应用，本章基于双 Λ 型四能级原子系统提出了一个优化的静态光脉冲制备方案，并讨论了携带轨道角动量信息的信号光场的存储与操控；基于双 M 型原子系统提出了一个多模、多自由度量子存储器。

5.1　静态光脉冲的优化产生

本节讨论静态光脉冲的优化产生与操控，采用的是双 Λ 型四能级原子系统，如图 5.1 所示。一束拉比频率为 Ω_{s+}（频率为 ω_{s+}，波数为 k_{s+}）的弱信号光场沿 $+\vec{z}$ 方向传播，并与原子跃迁 $|1\rangle \rightarrow |3\rangle$ 耦合，两束拉比频率为 Ω_{c+}（频率为 ω_{c+}，波数为 k_{c+}）和 Ω_{c-}（频率为 ω_{c-}，波数为 k_{c-}）的控制光场分别沿 $+\vec{z}$ 和 $-\vec{z}$ 方向传播，并分别与原子跃迁 $|2\rangle \rightarrow |3\rangle$ 和 $|2\rangle \rightarrow |4\rangle$ 耦合。基于四波混频效应，将会产生一束沿 $-\vec{z}$ 方向传播

的拉比频率为 $\varOmega_{s-}$（频率为 ω_{c-}，波数为 k_{c-}）的弱探测光场。一束额外的拉比频率为 $\varOmega_{m}$（频率为 ω_{m}，波数为 k_{m}）的微波场与原子跃迁 $|1\rangle \rightarrow |2\rangle$ 共振耦合。为了实现原子与微波场的有效耦合，可将原子介质置于微波腔中。能级 $|1\rangle$、$|2\rangle$、$|3\rangle$ 和 $|4\rangle$ 可分别对应于 ^{87}Rb 原子中的能级 $|5S_{1/2}, F=1\rangle$、$|5S_{1/2}, F=2\rangle$、$|5P_{1/2}, F=1\rangle$ 和 $|5P_{1/2}, F=2\rangle$。

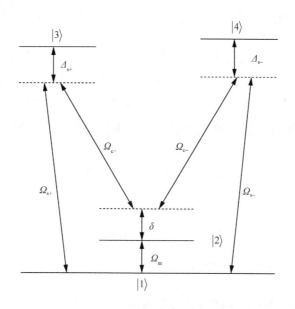

图 5.1　双 Λ 型四能级原子系统

两束信号光场 $E_{s\pm}$ 在原子介质中的传播服从麦克斯韦方程，即

$$\nabla^2 E_{s\pm} - \frac{1}{c^2}\frac{\partial^2 E_{s\pm}}{\partial t^2} = \frac{1}{\varepsilon_0 c^2}\frac{\partial^2 P_{\pm}}{\partial t^2} \qquad (5.1.1)$$

其中，$E_{s\pm} = \mathcal{E}_{s\pm}\mathrm{e}^{\mathrm{i}(\pm k_{s\pm}z - \omega_{s\pm}t)} + \mathrm{c.c.}$，$P_{\pm} = \mathcal{P}_{\pm}\mathrm{e}^{\mathrm{i}(\pm k_{s\pm}z - \omega_{s\pm}t)} + \mathrm{c.c.}$，$\mathcal{E}_{s\pm}$ 和 $\mathcal{P}_{\pm}$ 分别为 $E_{s\pm}$ 和 $P_{\pm}$ 的慢变包络。$\mathcal{P}_{+} = Nd_{13}\rho_{31}$，$\mathcal{P}_{-} = Nd_{14}\rho_{41}$。$\rho_{31}$（$\rho_{41}$）是对应于原子跃迁 $|1\rangle \rightarrow |3\rangle$（$|1\rangle \rightarrow |4\rangle$）的密度矩阵元。

在慢变包络近似下，两束信号光场的运动方程可简化为

$$\frac{\partial \varOmega_{s+}}{\partial z} + \frac{1}{c}\frac{\partial \varOmega_{s+}}{\partial t} = \frac{\mathrm{i}}{2k_{s+}}\nabla_{\perp}^2 \varOmega_{s+} + \mathrm{i}\frac{Nd_{13}^2 k_{s+}}{2\varepsilon_0 \hbar}\rho_{31}$$

$$\frac{\partial \varOmega_{s-}}{\partial z} - \frac{1}{c}\frac{\partial \varOmega_{s-}}{\partial t} = -\frac{\mathrm{i}}{2k_{s-}}\nabla_{\perp}^2 \varOmega_{s-} - \mathrm{i}\frac{Nd_{14}^2 k_{s-}}{2\varepsilon_0 \hbar}\rho_{41} \qquad (5.1.2)$$

其中，$\nabla_\perp^2 = \dfrac{\partial^2}{\partial x^2} + \dfrac{\partial^2}{\partial y^2}$，$\Omega_{s+} = \dfrac{\mathcal{E}_{s+} d_{31}}{2\hbar}$，$\Omega_{s-} = \dfrac{\mathcal{E}_{s-} d_{41}}{2\hbar}$。

在电偶极近似和旋波近似下，系统的哈密顿量可表示为

$$H = -\hbar \big[\delta |2\rangle\langle 2| + \Delta_{s+} |3\rangle\langle 3| + \Delta_{s-} |4\rangle\langle 4| \big] -$$
$$\hbar \big[\Omega_{s+} |3\rangle\langle 1| + \Omega_{s-} |4\rangle\langle 1| + \Omega_{c+} |3\rangle\langle 2| + \Omega_{c-} |4\rangle\langle 2| + \Omega_m \mathrm{e}^{\mathrm{i}\Phi} |2\rangle\langle 1| + \mathrm{H.c.} \big] \quad (5.1.3)$$

其中，$\Delta_{s+} = \omega_{s+} - \omega_{31}$ 和 $\Delta_{s-} = \omega_{s-} - \omega_{41}$ 表示沿 $+\vec{z}$ 和 $-\vec{z}$ 方向传播的信号光场的单光子失谐，$\delta = \omega_{s+} - \omega_{c+} - \omega_{21} = \omega_{s-} - \omega_{c-} - \omega_{21}$ 表示与探测光场和控制光场相关的双光子失谐，d_{kj} 和 ω_{kj}（$k = 1, 2$，$j = 3, 4$）是对应于原子跃迁 $|k\rangle \rightarrow |j\rangle$ 的电偶极矩和跃迁频率，Φ 是微波场与其他光场的相对相位，其重要作用在理论和实验上均已证明。

基于式（5.1.3），可以直接得到系统演化的刘维尔方程，即

$$\frac{\partial \rho_{11}}{\partial t} = \mathrm{i}\Omega_{s+}^* \rho_{31} - \mathrm{i}\Omega_{s+}\rho_{13} + \mathrm{i}\Omega_{s-}^*\rho_{41} - \mathrm{i}\Omega_{s-}\rho_{14} + \mathrm{i}\Omega_m^*\mathrm{e}^{-\mathrm{i}\Phi}\rho_{21} - \mathrm{i}\Omega_m\mathrm{e}^{\mathrm{i}\Phi}\rho_{12} + \Gamma_{31}\rho_{33} + \Gamma_{41}\rho_{44}$$

$$\frac{\partial \rho_{22}}{\partial t} = \mathrm{i}\Omega_{c+}^* \rho_{32} - \mathrm{i}\Omega_{c+}\rho_{23} + \mathrm{i}\Omega_{c-}^*\rho_{42} - \mathrm{i}\Omega_{c-}\rho_{24} - \mathrm{i}\Omega_m^*\mathrm{e}^{-\mathrm{i}\Phi}\rho_{21} + \mathrm{i}\Omega_m\mathrm{e}^{\mathrm{i}\Phi}\rho_{12} + \Gamma_{32}\rho_{33} + \Gamma_{42}\rho_{44}$$

$$\frac{\partial \rho_{33}}{\partial t} = \mathrm{i}\Omega_{s+}\rho_{13} - \mathrm{i}\Omega_{s+}^*\rho_{31} + \mathrm{i}\Omega_{c+}\rho_{23} - \mathrm{i}\Omega_{c+}^*\rho_{32} - \Gamma_{31}\rho_{33} - \Gamma_{32}\rho_{33}$$

$$\frac{\partial \rho_{12}}{\partial t} = -(\gamma_{21} + \mathrm{i}\delta)\rho_{12} - \mathrm{i}\Omega_{c+}\rho_{13} - \mathrm{i}\Omega_{c-}\rho_{14} + \mathrm{i}\Omega_{s+}^*\rho_{32} + \mathrm{i}\Omega_{s-}^*\rho_{42} + \mathrm{i}\Omega_m^*\mathrm{e}^{-\mathrm{i}\Phi}(\rho_{22} - \rho_{11})$$

$$\frac{\partial \rho_{13}}{\partial t} = -(\gamma_{31} + \mathrm{i}\Delta_{s+})\rho_{13} - \mathrm{i}\Omega_{c+}^*\rho_{12} + \mathrm{i}\Omega_{s-}^*\rho_{43} + \mathrm{i}\Omega_{s+}^*(\rho_{33} - \rho_{11}) + \mathrm{i}\Omega_m^*\mathrm{e}^{-\mathrm{i}\Phi}\rho_{23}$$

$$\frac{\partial \rho_{14}}{\partial t} = -(\gamma_{41} + \mathrm{i}\Delta_{s-})\rho_{14} - \mathrm{i}\Omega_{c-}^*\rho_{12} + \mathrm{i}\Omega_{s+}^*\rho_{34} + \mathrm{i}\Omega_{s-}^*(\rho_{44} - \rho_{11}) + \mathrm{i}\Omega_m^*\mathrm{e}^{-\mathrm{i}\Phi}\rho_{24}$$

$$\frac{\partial \rho_{23}}{\partial t} = -(\gamma_{32} + \mathrm{i}\Delta_{c+})\rho_{23} - \mathrm{i}\Omega_{s+}^*\rho_{21} + \mathrm{i}\Omega_{c-}^*\rho_{43} + \mathrm{i}\Omega_{c+}^*(\rho_{33} - \rho_{22}) + \mathrm{i}\Omega_m\mathrm{e}^{\mathrm{i}\Phi}\rho_{13}$$

$$\frac{\partial \rho_{24}}{\partial t} = -(\gamma_{42} + \mathrm{i}\Delta_{c-})\rho_{24} - \mathrm{i}\Omega_{s-}^*\rho_{21} + \mathrm{i}\Omega_{c+}^*\rho_{34} + \mathrm{i}\Omega_{c-}^*(\rho_{44} - \rho_{22}) + \mathrm{i}\Omega_m\mathrm{e}^{\mathrm{i}\Phi}\rho_{14}$$

$$\frac{\partial \rho_{34}}{\partial t} = -[\gamma_{43} + \mathrm{i}(\Delta_{s-} - \Delta_{s+})]\rho_{34} + \mathrm{i}\Omega_{s+}\rho_{14} - \mathrm{i}\Omega_{s-}^*\rho_{31} + \mathrm{i}\Omega_{c+}\rho_{24} - \mathrm{i}\Omega_{c-}^*\rho_{32} \quad (5.1.4)$$

其中，$\rho_{kj} = \rho_{jk}^*$，$\rho_{11} + \rho_{22} + \rho_{33} + \rho_{44} = 1$，$\Gamma_{kj}$ 表示从激发态 $|k\rangle$（$k = 1, 2$）到基态 $|j\rangle$（$j = 3, 4$）的自发辐射衰变率，γ_{kj} 是对应于原子跃迁 $|k\rangle \rightarrow |j\rangle$ 的失相率。基于式（5.1.2）和式（5.1.4），通过数值模拟，可以方便地讨论弱信号光场在介质中的

传播行为和微波场对产生的静态光脉冲的影响。

5.1.1　静态光脉冲的优化制备

为了揭示存储期间微波场对原子自旋相干 ρ_{12} 的调制作用，可以求解简化的密度矩阵元方程，即

$$\frac{\partial \rho_{12}}{\partial t} = -(\gamma_{21} + \mathrm{i}\delta)\rho_{12} + \mathrm{i}\Omega_m^* \mathrm{e}^{-\mathrm{i}\Phi}(\rho_{22} - \rho_{11}) \tag{5.1.5}$$

假设微波场持续的时间为 t_s，控制光场 Ω_{c+} 关闭的时刻为 t_1。在满足 EIT 条件（ $\rho_{11} \simeq 1, \rho_{22} \simeq 0$ ）下，密度矩阵元 ρ_{12} 的表达式为

$$\rho_{12}(t_1 + t_s) = \rho_{12}(t_1)\exp[-(\gamma_{21} + \mathrm{i}\delta)t_s] +$$
$$\frac{\mathrm{i}\Omega_m \mathrm{e}^{-\mathrm{i}\Phi}}{\gamma_{21} + \mathrm{i}\delta}\{\exp[-(\gamma_{21} + \mathrm{i}\delta)t_s] - 1\} \tag{5.1.6}$$

显然，ρ_{12} 的强度和相移均会受到微波场的调制。

下面，主要讨论几种特殊情况。第一，假设双光子失谐 $\delta \gg \gamma_{21}$ 和 Ω_m，方程（5.1.6）可以简化为 $\rho_{12}(t_1 + t_s) \simeq \rho_{12}(t_1)\exp(-\mathrm{i}\delta t_s)$。可以发现，原子自旋相干在没有能量损失的情况下可以获得 $-\delta t_s$ 的可控相移，这可以用于无损耗的相位调制。第二，考虑双光子共振情况，即 $\delta = 0$。当相对相位 $\Phi = 0$ 时，原子自旋相干 ρ_{12} 可简化为 $\rho_{12}(t_1 + t_s) = \rho_{12}(t_1)\exp(-\gamma_{21}t_s) - \dfrac{\mathrm{i}[1 - \exp(-\gamma_{21}t_s)]\Omega_m}{\gamma_{21}}$，并且可以得到

$|\rho_{12}(t_1 + t_s)|^2 = [\rho_{12}(t_1)\exp(-\gamma_{21}t_s)]^2 + \left\{\dfrac{[1 - \exp(-\gamma_{21}t_s)]\Omega_m}{\gamma_{21}}\right\}^2$，即 $|\rho_{12}(t_1 + t_s)|^2$ 随着微波场拉比频率 Ω_m 的增大按平方规律增强。提取信号光场的振幅正比于 $\rho_{12}(t_1 + t_s)$。因此，通过引入微波场可以优化提取的信号光场。当 $\Phi = \dfrac{\pi}{2}$ 时，ρ_{12} 简化为

$\rho_{12}(t_1 + t_s) = \rho_{12}(t_1)\exp(-\gamma_{21}t_s) - \dfrac{[1 - \exp(-\gamma_{21}t_s)]\Omega_m}{\gamma_{21}}$。随着 Ω_m 的增强，$|\rho_{12}(t_1 + t_s)|$ 也可以以可控的方式被放大，放大效应强于 $\Phi = 0$ 的情况。当 $\Phi = \dfrac{3\pi}{2}$ 时，ρ_{12} 简化为

$\rho_{12}(t_1 + t_s) = \rho_{12}(t_1)\exp(-\gamma_{21}t_s) + \dfrac{[1 - \exp(-\gamma_{21}t_s)]\Omega_m}{\gamma_{21}}$。此时，随着 Ω_m 的增强，$|\rho_{12}(t_1 + t_s)|$ 先减小后增大。当 $\Omega_m^{\min} = \dfrac{\rho_{12}(t_1)\gamma_{21}\exp(-\gamma_{21}t_s)}{[\exp(-\gamma_{21}t_s) - 1]}$ 时，$|\rho_{12}(t_1 + t_s)|$ 的值最小。

上述现象的原因可归结于微波场与原子自旋相干之间的相长或相消干涉。

接下来，通过数值模拟验证上述分析。假设高斯型微波场满足 $\Omega_m = \Omega_m' \exp\left[\dfrac{-(z-z_0)^2}{z_t^2}\right]$，其中 Ω_m' 为峰值，z_0 为峰值位置，z_t 为半高宽。微波场的峰值 Ω_m' 及控制光场 Ω_{c+} 和 Ω_{c-} 随时间演化的表达式为

$$\Omega_m' = \Omega_{m0}\left(0.5\tanh\frac{t-t_2}{t_s} - 0.5\tanh\frac{t-t_3}{t_s}\right)$$

$$\Omega_{c+} = \Omega_c\left(1 - 0.5\tanh\frac{t-t_1}{t_s} + 0.5\tanh\frac{t-t_4}{t_s} - 0.5\tanh\frac{t-t_5}{t_s} + 0.5\tanh\frac{t-t_6}{t_s}\right)$$

$$\Omega_{c-} = \Omega_c\left(0.5\tanh\frac{t-t_4}{t_s} - 0.5\tanh\frac{t-t_5}{t_s}\right) \tag{5.1.7}$$

其中，$t_1 \leqslant t_2 < t_3 \leqslant t_4 < t_5 < t_6$。控制光场 Ω_{c+}、Ω_{c-} 随时间演化的曲线如图 5.2（a）所示。微波场拉比频率 Ω_{m0} 分别为 0、$2\times10^{-5}\Gamma$、$4\times10^{-5}\Gamma$ 时的归一化信号光场的动力学传播和演化曲线如图 5.2（b）～图 5.2（d）所示。其他参量为 $\Gamma = 5.75\,\mathrm{MHz}$，$g\sqrt{N} = \sqrt{3}$，$\gamma_{31} = \gamma_{41} = \Gamma$，$\gamma_{21} = 0.001\Gamma$，$\Delta_{\pm} = \delta = 0$，$\Omega_c = 10\Gamma$，$\Phi = \dfrac{\pi}{2}$，$\lambda_{s\pm} = \lambda_{c\pm} = 795\,\mathrm{nm}$，横纵坐标数据均做无量纲化处理。

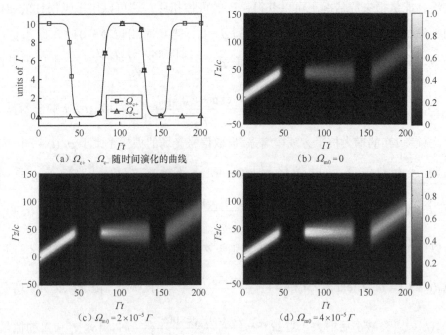

（a）Ω_{c+}、Ω_{c-} 随时间演化的曲线 （b）$\Omega_{m0} = 0$

（c）$\Omega_{m0} = 2\times10^{-5}\Gamma$ （d）$\Omega_{m0} = 4\times10^{-5}\Gamma$

图 5.2 Ω_{c+}、Ω_{c-} 随时间演化的曲线和不同 Ω_{m0} 时归一化信号光场的动力学传播和演化曲线

下面重点分析微波场对产生的静态光脉冲和提取的信号光场的调制作用。从图 5.2（b）可以看出，由于动力学过程中的损耗和扩散，产生的静态光脉冲和提取的信号光场均遭受衰减和空间扩张。从图 5.2（c）和图 5.2（d）中可以看出，产生的静态光脉冲和提取的信号光场都得到了优化，并且随着微波场的增大，该模型的性能得到了改善。为了更清楚地理解观察到的上述结果，图 5.3（a）和图 5.3（b）分别给出了 $t = \dfrac{130}{\Gamma}$ 时刻产生的静态光脉冲和在 $t = \dfrac{200}{\Gamma}$ 时提取的信号光场的轮廓。可以看出，本书提出的方案可以提高所生成的静态光脉冲和提取的信号光场的强度，并具有良好的轮廓保持能力。优化效应可归因于微波场与原子自旋相干的相长干涉导致的原子自旋相干 $\left|\rho_{12}^{t}\right|$（$\rho_{12}^{t} = \int \rho_{12}\mathrm{d}z$）的增强，如图 5.3（c）所示。

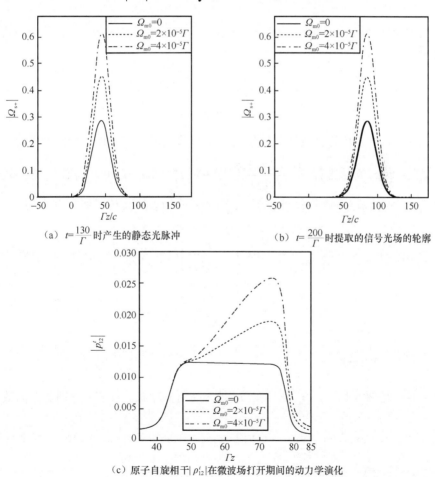

（a）$t = \dfrac{130}{\Gamma}$ 时产生的静态光脉冲　　　　（b）$t = \dfrac{200}{\Gamma}$ 时提取的信号光场的轮廓

（c）原子自旋相干 $\left|\rho_{12}^{t}\right|$ 在微波场打开期间的动力学演化

图 5.3　微波场对产生的静态光脉冲和提取的信号光场的调制作用

5.1.2 高维静态光脉冲的产生和操控

下面讨论高维静态光脉冲的产生和操控。在不施加微波场和弱信号光场的近似情况下，式（5.1.4）可进一步简化为

$$\frac{\partial \rho_{12}}{\partial t} = -(\gamma_{21} + \mathrm{i}\delta)\rho_{12} - \mathrm{i}\Omega_{c+}\rho_{13} - \mathrm{i}\Omega_{c-}\rho_{14}$$

$$\frac{\partial \rho_{13}}{\partial t} = -(\gamma_{31} + \mathrm{i}\Delta_{s+})\rho_{13} - \mathrm{i}\Omega_{c+}^*\rho_{12} - \mathrm{i}\Omega_{s+}^*$$

$$\frac{\partial \rho_{14}}{\partial t} = -(\gamma_{41} + \mathrm{i}\Delta_{s-})\rho_{14} - \mathrm{i}\Omega_{c-}^*\rho_{12} - \mathrm{i}\Omega_{s-}^* \tag{5.1.8}$$

在讨论轨道角动量编码的信号光场的可逆存储和操控过程中，信号光场的拉比频率 $\Omega_{s\pm}$ 可以展开为

$$\Omega_{s\pm}(r,t) = \sum_{m,n} \mathcal{L}_{s\pm}^{mn}(r,\psi,z)\Omega_{s\pm}^{mn}(z,t) \tag{5.1.9}$$

其中，$r = (x^2 + y^2)^{\frac{1}{2}}$ 和 ψ 分别是柱坐标系中的径向和方位坐标，$\Omega_{s\pm}^{mn}(z,t)$ 是展开系数。$\mathcal{L}_{s\pm}^{mn}(r,\psi,z)$ 满足方程 $\dfrac{2\mathrm{i}k_{s\pm}\partial\mathcal{L}_{s\pm}^{mn}(r,\psi,z)}{\partial z} + \nabla_\perp^2 \mathcal{L}_{s\pm}^{mn}(r,\psi,z) = 0$，为沿 $\pm\bar{z}$ 方向轨道角动量为 $m\hbar$ 的拉盖尔–高斯模 $(\mathrm{LG})_n^m$。$\mathcal{L}_\pm^{mn}(r,\psi,z)$ 的表达式可近似表示为

$$\mathcal{L}_{s\pm}^{mn}(r,\psi,z) = \frac{C_{mn}}{\sqrt{w_{s\pm}(z)}}\left[\frac{\sqrt{2}r}{w_{s\pm}(z)}\right]^{|m|}\exp\left[-\frac{r^2}{w_{s\pm}^2(z)}\right]L_n^{|m|}\left[\frac{2r^2}{w_{s\pm}^2(z)}\right]\exp(\mathrm{i}m\psi)\exp[\mathrm{i}\Psi_{s\pm}(z)]$$

$$\tag{5.1.10}$$

其中，$C_{mn} = \sqrt{\dfrac{2^{|m|+1}n!}{\pi(|m|+n)!}}$ 是归一化常数，$w_{s\pm}(z) = w_0\left(1 + \dfrac{z^2}{z_{s\pm}^2}\right)^{\frac{1}{2}}$ 是光束半径，

$z_{s\pm} = \dfrac{w_0^2 k_{s\pm}}{2}$ 是瑞利长度，$L_n^{|m|}$ 是广义拉盖尔–高斯多项式。m 和 n 分别是方向数和径向数，$\Psi_{s\pm}(z) = \exp\left\{-\mathrm{i}\left[\dfrac{k_{s\pm}r^2 z}{2(z_{s\pm}^2 + z^2)} + (2n + |m| + 1)\tan^{-1}\dfrac{z}{z_{s\pm}}\right]\right\}$。在忽略衍射效应情况下，即 $z_{s\pm}$ 足够大，则 $w_{s\pm}(z) \approx w_0$，$\Psi_{s\pm}(z) \approx 0$，此时，有

$$\mathcal{L}^{mn}(r,\psi) = \frac{C_{mn}}{\sqrt{w_0}} \left[\frac{\sqrt{2}r}{w_0} \right]^{|m|} \exp\left[-\frac{r^2}{w_0^2} \right] L_n^{|m|} \left[\frac{2r^2}{w_0^2} \right] \exp(im\psi) \qquad (5.1.11)$$

根据上面的方法，密度矩阵元 ρ_{kj} 同样可以以 $\mathcal{L}^{mn}(r,\psi)$ 为基展开，其形式为

$$\rho_{kj}(r,t) = \sum_{m,n} \mathcal{L}^{mn}(r,\psi,z) \rho_{kj}^{mn}(z,t) \qquad (5.1.12)$$

其中，$\rho_{kj}^{mn}(z,t)$ 是展开系数。将式（5.1.9）和式（5.1.12）代入式（5.1.2），可以得到 $\Omega_{s\pm}^{mn}(z,t)$ 满足的方程为

$$\frac{\partial \Omega_{s+}^{mn}}{\partial z} + \frac{1}{c}\frac{\partial \Omega_{s+}^{mn}}{\partial t} = i\frac{Nd_{13}^2 k_{s+}}{2\varepsilon_0\hbar}\rho_{31}^{mn}$$

$$\frac{\partial \Omega_{s-}^{mn}}{\partial z} - \frac{1}{c}\frac{\partial \Omega_{s-}^{mn}}{\partial t} = -i\frac{Nd_{14}^2 k_{s-}}{2\varepsilon_0\hbar}\rho_{41}^{mn} \qquad (5.1.13)$$

当沿 $\pm\bar{z}$ 方向传播的两束光场 Ω_{s+} 和 Ω_{c+} 入射到原子介质中时，在满足失谐 $\Delta_{s+} = \delta = 0$ 的情况下，式（5.1.8）和式（5.1.13）可联立推导出

$$\left(\frac{\partial}{\partial t} + v_+ \frac{\partial}{\partial z} \right) \Psi_+^{mn}(z,t) = 0 \qquad (5.1.14)$$

$\Psi_+^{mn}(z,t) = \cos[\theta_+(t)]E_{s+}^{mn} - \sin[\theta_+(t)]\sqrt{N}\rho_{12}^{mn}$ 被称为暗态极化子，其中 $\tan^2\theta_+ = \frac{g_+^2 N}{\Omega_{c+}^2}$，$g_+^2 = \frac{d_{13}^2 \omega_{s+}}{2\varepsilon_0\hbar}$。式（5.1.14）表明，暗态极化子将以速度 $v_+ = c\cos^2\theta_+$ 沿 $\pm\bar{z}$ 方向传播，并且保持形状不变。当控制光场 Ω_{c+} 绝热关闭后，暗态极化子的传播速度变为 0。

当沿 $-\bar{z}$ 方向传播的两束光场 Ω_{s-} 和 Ω_{c-} 入射到原子介质中时，类似于上面情况，式（5.1.8）和式（5.1.13）可联立推导出

$$\left(\frac{\partial}{\partial t} - v_- \frac{\partial}{\partial z} \right) \Psi_-^{mn}(z,t) = 0 \qquad (5.1.15)$$

式（5.1.15）表示暗态极化子 $\Psi_-^{mn}(z,t) = \cos[\theta_-(t)]E_{s-}^{mn} - \sin[\theta_-(t)]\sqrt{N}\rho_{12}^{mn}$ 将以速度 $v_- = c\cos^2\theta_-$ 沿 $-\bar{z}$ 方向传播，并且保持形状不变，其中 $\tan^2\theta_- = \frac{g_-^2 N}{\Omega_{c-}^2}$，$g_-^2 = \frac{d_{14}^2 \omega_{s-}}{2\varepsilon_0\hbar}$。

当四束光场同时入射到原子介质中时，两个暗态极化子 $\Psi_+^{mn}(z,t)$ 和 $\Psi_-^{mn}(z,t)$ 将同时产生，并且共享同一原子自旋相干 ρ_{12}^{mn}。因此，通过主动调控控制光场，该模

型可以实现对信号光场的有效操控。

下面通过数值模拟讨论携带轨道角动量信息的静态光脉冲的按需产生和操控。假设初始时所有原子已被泵浦到能级 $|1\rangle$，所有光场与对应的原子跃迁共振耦合，即 $\Delta_{s\pm} = \delta = 0$，两束控制光场 Ω_{c+} 和 Ω_{c-} 随时间变化的表达式为

$$\Omega_{c+} = \Omega_c \left(1 - 0.5\tanh\frac{t-t_1}{t_s} + 0.5\tanh\frac{t-t_2}{t_s} - 0.5\tanh\frac{t-t_3}{t_s} + 0.5\tanh\frac{t-t_4}{t_s} \right)$$

$$\Omega_{c-} = \Omega_c \left(0.5\tanh\frac{t-t_2}{t_s} - 0.5\tanh\frac{t-t_3}{t_s} \right) \tag{5.1.16}$$

两束控制光场 Ω_{c+} 和 Ω_{c-} 随时间的变化曲线如图 5.4（a）所示。其中，横纵坐标数据均做无量纲化处理。从图 5.4（a）~图 5.4（c）中可以看出，当信号光场 Ω_{s+} 和控制光场 Ω_{c+} 进入原子介质后，产生的暗态极化子 $\Psi_+^{mn}(z,t)$ 在介质中缓慢传播；在 $t = t_1$（$\Gamma t_1 = 40$）时刻，当控制光场关闭时，信号光场 Ω_{s+} 携带的信息映射到原子自旋相干 ρ_{12}；在 $t = t_2$（$\Gamma t_2 = 80$）时刻，同时打开强度相同、传播方向相反的两束控制光场 Ω_{c+} 和 Ω_{c-}，根据暗态极化子 $\Psi_+^{mn}(z,t)$ 和 $\Psi_-^{mn}(z,t)$，两束强度相同、传播方向相反的信号光场 Ω_{s+} 和 Ω_{s-} 将从原子自旋相干 ρ_{12} 中提取出来。他们之间的紧密耦合和平衡竞争形成静态光脉冲；在 $t = t_3$（$\Gamma t_3 = 130$）时刻，同时关闭两束控制光场，光信息再次映射到原子自旋相干 ρ_{12}，并在 $t = t_4$（$\Gamma t_4 = 160$）时刻打开控制光场 Ω_{c+}，从而沿 $+\vec{z}$ 方向传播的信号光场 Ω_{s+} 被提取出来。其他参量为 $\Gamma = 5.75\,\text{MHz}$，$\gamma_{31} = \gamma_{41} = \Gamma$，$\gamma_{21} = 0.001\Gamma$，$\Delta_{s\pm} = \delta = 0$，$\Omega_c = 10\Gamma$，$\lambda_{s\pm} = \lambda_{c\pm} = 795\,\text{nm}$。

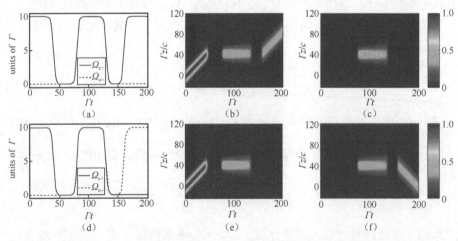

图 5.4 （a、d）控制光场 Ω_{c+} 和 Ω_{c-} 随时间演化的曲线，信号光场沿 $+\vec{z}$（b、e）和 $-\vec{z}$（c、f）方向的动力学传播和演化

若两束控制光场分别按如下形式变化。

$$\Omega_{c+} = \Omega_c \left(0.5 - 0.5\tanh\frac{t-t_1}{t_s} + 0.5\tanh\frac{t-t_2}{t_s} - 0.5\tanh\frac{t-t_3}{t_s} \right)$$

$$\Omega_{c-} = \Omega_c \left(0.5 + 0.5\tanh\frac{t-t_2}{t_s} - 0.5\tanh\frac{t-t_3}{t_s} + 0.5\tanh\frac{t-t_4}{t_s} \right) \quad (5.1.17)$$

其变化曲线如图 5.4（d）所示。跟上面情况相比，唯一不同的是在 $t=t_4$ 时刻，控制光场 Ω_{c-} 被打开，此时只有沿 $-\bar{z}$ 方向传播的信号光场 Ω_{s-} 被提取出来。

现在，开始讨论携带轨道角动量信号光场的存储和提取。假设控制光场 Ω_{c+} 和 Ω_{c-} 分别按照式（5.1.16）变化。图 5.5（a）～图 5.5（e）分别给出了携带拉盖尔-高斯模 $[(LG)_0^2+(LG)_0^{-2}]$ 的信号光场在 $\Gamma t=0,60,100,145,200$ 时刻的强度分布。其中，图像的大小为 3mm×3mm，其他参量同图 5.4。图 5.5（a）是存储前的信号光场的图像，图 5.5（c）是产生的静态光脉冲的图像，图 5.5（e）是提取的信号光场的图像，图 5.5（b）和图 5.5（d）是控制光场关闭时信号光场的图像，由于光场信息已映射到原子自旋相干，可以发现光场信息消失。相较于提取的信号光场强度的降低，携带轨道角动量信息的拉盖尔-高斯模的相位分布在此过程中没有受到影响，可能在某些领域具有更加重要的应用。

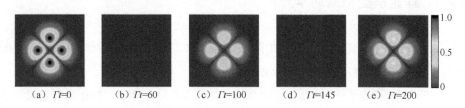

(a) $\Gamma t=0$　　(b) $\Gamma t=60$　　(c) $\Gamma t=100$　　(d) $\Gamma t=145$　　(e) $\Gamma t=200$

图 5.5　携带拉盖尔-高斯模式 $[(LG)_0^2+(LG)_0^{-2}]$ 的信号光场

在 $\Gamma t=0,60,100,145,200$ 时刻的强度分布

另外，此模型可以扩展为一个更一般的模型，如图 5.6 所示。沿 $+\bar{z}$ 方向传播的弱信号光场 E_{s+}^x（$x=1,2,\cdots,N$）作用于原子跃迁 $|x\rangle \to |N+2\rangle$，两强控制光场 E_{c+} 和 E_{c-} 分别沿 $+\bar{z}$ 和 $-\bar{z}$ 方向传播，并与原子跃迁 $|N+1\rangle \to |N+2\rangle$ 和 $|N+1\rangle \to |N+3\rangle$ 耦合。由于四波混频效应，当原子从激发态 $|N+3\rangle$ 跃迁回基态 $|x\rangle$ 时，将会产生沿 $-\bar{z}$ 方向传播的信号光场 E_{s-}^x。根据上述分析，此系统存在 N 个沿 $+\bar{z}$ 方向传播的暗态极化子，存在 N 个沿 $-\bar{z}$ 方向传播的暗态极化子。因此，可以产生 N 个携带轨道角动量的静态光脉冲。

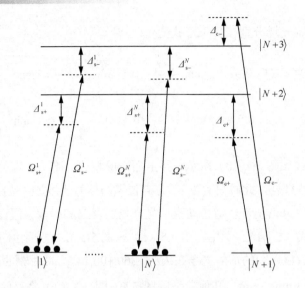

图 5.6　$N+3$ 个能级与光场相互作用

5.2　静态纠缠光子对的相干产生和操控

5.2.1　理论模型和运动学方程

　　本节采用的模型由两个完全相同的空间分离的光子存储系统（A 和 B）构成，纠缠光子对的存储与提取如图 5.7 所示。在每个子系统中，所有 ^{87}Rb 原子都具有完全相同的双 M 型原子-光场相互作用结构，如图 5.8（a）所示。根据入射信号光子的偏振性，信号光子与原子系统之间的相互作用可分为两类双 Λ 型系统，如图 5.8（b）和图 5.8（c）所示。在图 5.8（b）中，正向和反向传播的水平偏振的量子光场

$$E_{H\pm}(z,t)=\sqrt{\frac{\hbar\omega_{H\pm}}{2\varepsilon_0 V_\pm}}\mathcal{E}_{H\pm}(z,t)e^{-i\omega_{H\pm}t\pm ik_{H\pm}z}+\text{H.c.}$$ 首先穿过 $\frac{\lambda}{4}$ 波片变为左圆偏振光，然后分别与原子能级 $|1\rangle\rightarrow|3\rangle$ 和 $|1\rangle\rightarrow|4\rangle$ 耦合，其中，$\omega_{H\pm}$（$k_{H\pm}$）表示信号光子的频率（波数），$V_\pm$ 表示量子化体积，水平偏振的信号光子 $\mathcal{E}_{H\pm}$ 表示慢变无量纲算符。另外两个电偶极跃迁 $|2\rangle\rightarrow|3\rangle$ 和 $|2\rangle\rightarrow|4\rangle$ 分别与两束拉比频率为 $\Omega_{1\pm}$（波数为 $k_{1\pm}$）的 π 极化的经典控制光场耦合。图 5.8（c）的能级结构与图 5.8（b）相似，两束经典控制光场 $\Omega_{2\pm}$ 和两束右圆偏振光 $$E_{V\pm}(z,t)=\sqrt{\frac{\hbar\omega_{V\pm}}{2\varepsilon_0 V_\pm}}\mathcal{E}_{V\pm}(z,t)e^{-i\omega_{V\pm}t\pm ik_{V\pm}z}+\text{H.c.}$$ 分别与相应的

能级耦合。这两个双 Λ 型系统具有相同的基态 $|1\rangle$，可以用于产生与操控偏振自由度编码的静态纠缠光子对。在不引起误解的前提下，在下面讨论中仍然用水平偏振和垂直偏振表示两束纠缠光子。

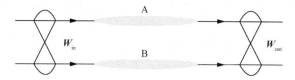

图 5.7　纠缠光子对存储与提取

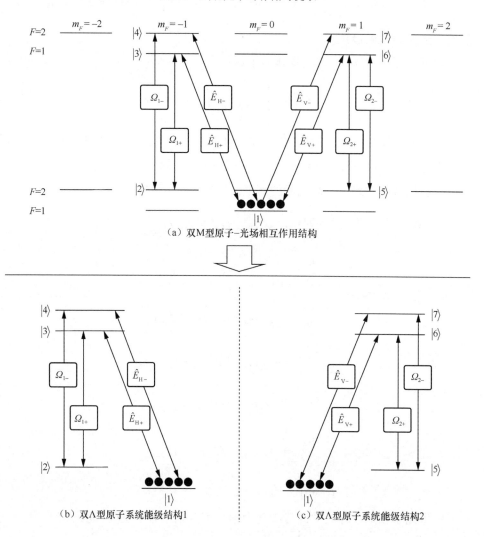

图 5.8　光场与原子相互作用

假设所有信号光子和控制光场与相应原子跃迁能级共振耦合，在电偶极近似和旋波近似下，每个子系统的相互作用哈密顿量可表示为

$$H = -\hbar \sum_{j=1}^{N} \left\{ g_{H+} \mathcal{E}_{H+} |3_j\rangle\langle1_j| + g_{H-}\mathcal{E}_{H-} |4_j\rangle\langle1_j| + g_{v+}\mathcal{E}_{v+} |6_j\rangle\langle1_j| + g_{v-}\mathcal{E}_{v-} |7_j\rangle\langle1_j| \right\}$$

$$-\hbar \sum_{j=1}^{N} \left\{ \Omega_{1+} |3_j\rangle\langle2_j| + \Omega_{1-} |4_j\rangle\langle2_j| + \Omega_{2+} |6_j\rangle\langle5_j| + \Omega_{2-} |7_j\rangle\langle5_j| \right\} + \text{H.c.} \qquad (5.2.1)$$

其中，$g_{H(V)\pm} = \wp_{H(V)\pm} \sqrt{\dfrac{\omega_{H(V)\pm}}{2\hbar\varepsilon_0 V_\pm}}$ 表示光场与原子相互作用的耦合常数，$\wp_{H(V)\pm}$ 是对应的原子跃迁的电偶极矩。

根据参照文献[10]，定义集体原子算符为

$$\rho_{\mu v}(z,t) = \frac{1}{\Delta N(z)} \sum_{\Delta V(z)} \rho_{\mu v}^j(z,t) \qquad (5.2.2)$$

其中，$\Delta N(z)$ 表示位于 z 处小体积元 $\Delta V(z)$ 内的原子数。$\rho_{\mu v}^j(z,t)$（$\mu, v = 1, 2, \cdots, 7$）表示第 j 个原子的翻转（$\mu \neq v$）和投影（$\mu = v$）算符。

在弱信号光假设下，简化后的海森伯-朗之万方程为

$$\frac{\partial \rho_{12}}{\partial t} = -\gamma_{21}\rho_{12} - i\Omega_{1+}\rho_{13} - i\Omega_{1-}\rho_{14}$$

$$\frac{\partial \rho_{13}}{\partial t} = -\gamma_{31}\rho_{13} - i\Omega_{1+}^*\rho_{12} - ig_{H+}\mathcal{E}_{H+}$$

$$\frac{\partial \rho_{14}}{\partial t} = -\gamma_{41}\rho_{14} - i\Omega_{1-}^*\rho_{12} - ig_{H-}\mathcal{E}_{H-}$$

$$\frac{\partial \rho_{15}}{\partial t} = -\gamma_{51}\rho_{15} - i\Omega_{2+}\rho_{16} - i\Omega_{2-}\rho_{17}$$

$$\frac{\partial \rho_{16}}{\partial t} = -\gamma_{61}\rho_{16} - i\Omega_{2+}^*\rho_{15} - ig_{v+}\mathcal{E}_{v+}$$

$$\frac{\partial \rho_{17}}{\partial t} = -\gamma_{71}\rho_{17} - i\Omega_{2-}^*\rho_{15} - ig_{v-}\mathcal{E}_{v-} \qquad (5.2.3)$$

其中，$\gamma_{\mu v}$ 为原子跃迁 $|\mu\rangle \leftrightarrow |v\rangle$ 的相干衰变率。

信号光子在原子介质中的传播动力学受麦克斯韦方程支配，水平（垂直）偏振的信号光子 $\mathcal{E}_{H(V)\pm}$ 的运动学方程可表示为

$$\left(\frac{\partial}{\partial t}+c\frac{\partial}{\partial z}\right)\mathcal{E}_{H(V)+}(z,t)=\mathrm{i}g_{H(V)+}N\rho_{3(6)1}(z,t)$$

$$\left(\frac{\partial}{\partial t}-c\frac{\partial}{\partial z}\right)\mathcal{E}_{H(V)-}(z,t)=\mathrm{i}g_{H(V)-}N\rho_{4(7)1}(z,t)\qquad(5.2.4)$$

从式（5.2.3）和式（5.2.4）中可知，水平偏振和垂直偏振的信号光子的动力学方程是相互独立的。

暗态极化子理论是被广泛接受的描述信息在光场与原子自旋相干之间相互映射的理论。在本章模型中，当四束控制光场 $\Omega_{1(2)\pm}$ 绝热变化时，偏振相关的暗态极化子可表示为

$$\Psi_{H(V)}(z,t)=\cos[\theta_{H(V)}(t)][\cos[\phi_{H(V)}(t)]\mathcal{E}_{H(V)+}(z,t)+\sin[\phi_{H(V)}(t)]\mathcal{E}_{H(V)-}(z,t)]-$$
$$\sin[\theta_{H(V)}(t)]S_{H(V)}(z,t)\qquad(5.2.5)$$

其中，$S_{H(V)}(z,t)=\sqrt{N}\rho_{12(5)}(z,t)$，$\tan[\theta_{H(V)}(t)]=\dfrac{g_{H(V)}\sqrt{N}}{\Omega_{H(V)}(t)}$，$\tan^2[\phi_{H(V)}(t)]=\dfrac{\Omega_{H(V)-}^2(t)}{\Omega_{H(V)+}^2(t)}$，

$g_{H(V)-}=g_{H(V)+}=g_{H(V)}$，$\Omega_{H(V)}^2(t)=\Omega_{H(V)-}^2(t)+\Omega_{H(V)+}^2(t)$。$\theta_{H(V)}(t)$ 和 $\phi_{H(V)}(t)$ 对于水平偏振和垂直偏振自由度静态光子的产生起到重要作用。式（5.2.5）表明量子光场 $\mathcal{E}_{H(V)\pm}(z,t)$ 和 $S_{H(V)}(z,t)$ 是相干耦合的，以速度 $v_{H(V)}=c\cos^2[\theta_{H(V)}(t)]\cos[2\phi_{H(V)}(t)]$ 一起传播，c 是光子在真空中的传播速度。如果两束控制光场的拉比频率是相等的，即 $\Omega_{H(V)-}^2(t)=\Omega_{H(V)+}^2(t)$，则光场 $\mathcal{E}_{H(V)+}(z,t)$ 和 $\mathcal{E}_{H(V)-}(z,t)$ 的群速度为零，振幅非零，从而在没有空腔的原子介质中形成静态光子。经过一段时间后，通过关闭其中任一束控制光场打破平衡，可以将静态光子从原子介质中释放出来。

5.2.2 静态光子对的相干产生和操控

首先，考虑最简单的情况：一个水平极化的光子入射到其中一个子系统中，光场与原子相互作用系统如图 5.8（b）所示。假设所有原子已经被泵浦到能级 $|1\rangle$，控制光场 Ω_{1+} 和 Ω_{1-} 分别按如下规律变化。

$$\Omega_{1+}=\Omega_1\left(1-0.5\tanh\frac{t-t_1}{t_s}+0.5\tanh\frac{t-t_2}{t_s}-0.5\tanh\frac{t-t_3}{t_s}+0.5\tanh\frac{t-t_4}{t_s}\right),$$
$$\Omega_{1-}=\Omega_1\left(0.5\tanh\frac{t-t_2}{t_s}-0.5\tanh\frac{t-t_3}{t_s}\right)\qquad(5.2.6)$$

两束控制光场随时间演化的曲线如图 5.9（a）所示。其中，$\Omega_1=10\Gamma$，

$\lambda_{H\pm} = \lambda_{1\pm} = 795\,\text{nm}$ ，$\gamma_{31} = \gamma_{41} = \gamma_{61} = \gamma_{71} = 1.5\Gamma$ ，$\gamma_{21} = \gamma_{51} = 0.001\Gamma$ ，$g_H\sqrt{N} = 3\Gamma$ 。Γ 是原子从激发态到基态的衰变率，$\Gamma = 5.75\,\text{MHz}$ 。

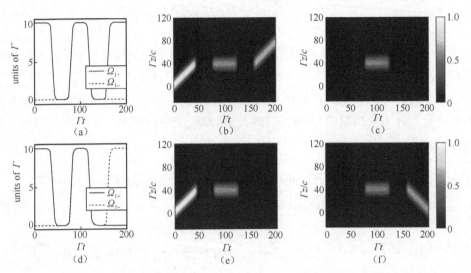

图 5.9 （a、d）控制光场 Ω_{1+} 和 Ω_{1-} 随时间演化的曲线，信号光脉冲沿
$+\vec{z}$ （b、e）和 $-\vec{z}$ （c、f）方向的动力学传播和演化

考虑到各种原因导致的光谱线或多或少会展宽，在下面讨论中，将光子看作波包进行处理。假设入射信号光子的时间包络为 $f(t) = f_0 e^{-\left(\frac{t}{\sigma}\right)^2}$ ，并满足 $\int_{-\infty}^{+\infty} |f(t)|^2 \mathrm{d}t = 1$ ，其中 σ 为半高宽，f_0 是归一化常数。如图 5.9（b）所示，当正向传播的信号光脉冲 $\mathcal{E}_{H+}(t)$ 和控制光场 Ω_{1+} 进入原子介质后，由于 EIT 效应，光脉冲在介质中缓慢传播。根据暗态极化子理论，在 $t = t_1$ （$\Gamma t_1 = 40$）时刻绝热地关闭控制光场，信号光脉冲 $\mathcal{E}_{H+}$ 携带的信息可以映射到原子自旋相干 ρ_{12} 。在 $t = t_2$ （$\Gamma t_2 = 80$）时刻，绝热地打开一对具有相同强度的反向传播的控制光场 Ω_{1+} 和 Ω_{1-} ，四波混频效应产生两束强度相同传播方向相反的信号光脉冲 $\mathcal{E}_{H+}$ 和 $\mathcal{E}_{H-}$ 。两个信号光脉冲之间的紧密耦合和平衡竞争，形成子静态光脉冲。通过逆过程，可以将产生的静态光脉冲释放出来。在 $t = t_3$ （$\Gamma t_3 = 120$）时刻，关闭控制光场 Ω_{1+} 和 Ω_{1-} ，静态光脉冲携带的信息再次映射到原子自旋相干 ρ_{12} 。在 $t = t_4$ （$\Gamma t_4 = 160$）时刻，通过打开控制光场 Ω_{1+} 可以提取沿 $+\vec{z}$ 方向传播的信号光脉冲 $\mathcal{E}_{H+}$ 。如果在 $t = t_4$ 时刻打开控制光场 Ω_{1-} ，可以提取沿 $-\vec{z}$ 方向传播的信号光脉冲 $\mathcal{E}_{H-}$ 。显然，随着控制光场 Ω_{2+} 和 Ω_{2-} 的变化，入射到原子介质中的垂直偏振的信号光脉冲 $\mathcal{E}_{V+}$ 会经历与 $\mathcal{E}_{H+}$ 类

似的过程。总之，该方案不仅可用于水平偏振或垂直偏振的信号光子的可逆存储，而且可用于偏振相关静态光子的相干产生和操控。

5.2.3　静态纠缠光子对的相干产生和操控

下面通过将纠缠的两个光子分别入射到量子存储器的两个子系统中来讨论静态纠缠光子对的相干产生和操控。根据 5.2.2 节的分析，偏振纠缠的两个光模 $|\psi\rangle = \dfrac{1}{\sqrt{2}}(|HV\rangle + |VH\rangle)$ 分别入射到两个子系统中后，通过同步地主动操控光场 $\Omega_{1\pm}$ 和 $\Omega_{2\pm}$，可在两个子系统中分别形成水平偏振和垂直偏振的静态光子，即纠缠静态光子对。当然，通过逆过程可将纠缠静态光子对提取出来。

为了讨论上述过程中的纠缠动力学，根据参考文献[11]，以光子偏振为基矢构造了一个约化密度矩阵 $\boldsymbol{\rho}_c$。t 时刻的约化密度矩阵 $\boldsymbol{\rho}_c(t)$ 可表示为

$$\boldsymbol{\rho}_c(t) = \begin{pmatrix} p_{HH}(t) & 0 & 0 & 0 \\ 0 & p_{HV}(t) & d(t) & 0 \\ 0 & d^*(t) & p_{VH}(t) & 0 \\ 0 & 0 & 0 & p_{VV}(t) \end{pmatrix} \tag{5.2.7}$$

其中，$p_{ij}(t)$（$i, j = H, V$）是在 t 时刻在一个子系统中发现 i 光子，在另一子系统中发现 j 光子的概率。$d(t) \approx \dfrac{1}{2} V_i(p_{HV}(t) + p_{VH}(t))$ 是 $|HV\rangle$ 与 $|VH\rangle$ 之间的相干，V_i 是光模的相干可见度。

对于两体纠缠，用 $C(t) = \max\left\{0, \sqrt{\lambda_1(t)} - \sqrt{\lambda_2(t)} - \sqrt{\lambda_3(t)} - \sqrt{\lambda_4(t)}\right\}$）来量度纠缠的大小，其中 $\lambda_i(t)$（$i = 1, 2, 3, 4$）是 t 时刻 $\boldsymbol{R}(t) = \boldsymbol{\rho}_c(t)(\boldsymbol{\sigma}_y \otimes \boldsymbol{\sigma}_y)\boldsymbol{\rho}_c^*(t)(\boldsymbol{\sigma}_y \otimes \boldsymbol{\sigma}_y)$ 按降序排列的本征值，$\boldsymbol{\sigma}_y$ 是泡利 Y 矩阵。$C(t) = 0$ 表示分离态，$C(t) = 1$ 表示最大纠缠态。对于上述约化密度矩阵 $\boldsymbol{\rho}_c(t)$，其 $C(t) = \max\left\{0, 2|d(t)| - 2\sqrt{p_{HH}(t)p_{VV}(t)}\right\}$。

图 5.10 给出了控制光场 $\Omega_{1(2)+}$ 和 $\Omega_{1(2)-}$ 按图 5.9（a）变化时信号光子对的纠缠度随时间演化的曲线。其中，$V_i = 0.91$，其他参数同图 5.9，横纵坐标数据均做无量纲化处理。从图 5.10 中可以看出，纠缠度 $C(t)$ 的变化类似于光子在原子介质中的演化过程。在 $t = t_1$（$\Gamma t_1 = 40$）时刻，当控制光场关闭时，纠缠从光模映射到了两空间分离的原子自旋相干；在 $t = t_2$（$\Gamma t_2 = 80$）时刻，当四束控制光场同时打开时，在两原子介质中分别生成垂直偏振和水平偏振的静态光子，形成纠缠静态光子对，

同时纠缠从原子自旋相干映射到提取的光子。在 $t = t_3$（$\Gamma t_3 = 120$）时刻，通过关闭控制光场将纠缠再次映射到原子自旋相干。在 $t = t_4$（$\Gamma t_4 = 160$）时刻，通过打开沿 $+\vec{z}$ 或 $-\vec{z}$ 方向传播的控制光场，可将纠缠光子对从原子介质中提取出来。此方案不仅可以用于静态纠缠光子对的相干产生和操控，而且可能在弱光非线性和光量子信息处理等领域具有重要的应用前景。

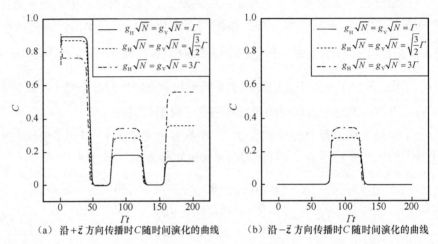

（a）沿 $+\vec{z}$ 方向传播时 C 随时间演化的曲线 　　（b）沿 $-\vec{z}$ 方向传播时 C 随时间演化的曲线

图 5.10　控制光场 $\Omega_{1(2)+}$ 和 $\Omega_{1(2)-}$ 按图 5.9（a）变化时信号光子对的纠缠度随时间演化的曲线

5.2.4　多自由度静态纠缠光子对的相干产生和操控

在未来的应用中，多自由度存储器对实现大规模量子网络具有重要的意义。本节提出的方案可以实现对多自由度光子的存储和操控。下面，以偏振和轨道角动量编码的光子为例进行讨论。

在慢变包络近似下，偏振和轨道角动量编码的正向和反向编码的光子的传播满足麦克斯韦方程，即

$$\left(\frac{\partial}{\partial t} + c\frac{\partial}{\partial z}\right)\mathcal{E}_{H(V)+}(r,t) = \frac{ic}{2k_{H(V)+}}\nabla_{\perp}^2\mathcal{E}_{H(V)+}(r,t) + ig_{H(V)+}N\rho_{3(6)1}(r,t)$$

$$\left(\frac{\partial}{\partial t} - c\frac{\partial}{\partial z}\right)\mathcal{E}_{H(V)-}(r,t) = \frac{ic}{2k_{H(V)-}}\nabla_{\perp}^2\mathcal{E}_{H(V)-}(r,t) - ig_{H(V)-}N\rho_{4(7)1}(r,t) \qquad (5.2.8)$$

其中，$\nabla_{\perp}^2 = \dfrac{\partial^2}{\partial x^2} + \dfrac{\partial^2}{\partial y^2}$。

以拉盖尔–高斯模为基矢，信号光子 $\mathcal{E}_{\mathrm{H(V)}\pm}(r,t)$ 和密度矩阵元 $\rho_{\mu\nu}$ 可以分别展开为

$$\mathcal{E}_{\mathrm{H(V)}\pm}(r,t) = \sum_{m,n} \mathcal{L}^{mn}(r,\psi,z)\mathcal{E}^{mn}_{\mathrm{H(V)}\pm}(z,t)$$

$$\rho_{\mu\nu}(r,t) = \sum_{m,n} \mathcal{L}^{mn}(r,\psi,z)\rho^{mn}_{\mu\nu}(z,t) \qquad (5.2.9)$$

其中，$\mathcal{E}^{mn}_{\mathrm{H(V)}\pm}(z,t)$ 和 $\rho^{mn}_{\mu\nu}(z,t)$ 为展开系数，$\mathcal{L}^{mn}(r,\psi,z)$ 满足方程 $\dfrac{2\mathrm{i}k_{\mathrm{H(V)}\pm}\partial\mathcal{L}^{mn}(r,\psi,z)}{\partial z} +$ $\nabla^2_{\perp}\mathcal{L}^{mn}(r,\psi,z)=0$ 。在忽略衍射效应情况下，本征解可近似表示为

$$\mathcal{L}^{mn}(r,\psi) = \frac{C_{mn}}{\sqrt{w_0}}\left[\frac{\sqrt{2}r}{w_0}\right]^{|m|}\exp\left[-\frac{r^2}{w_0^2}\right]L_n^{|m|}\left[\frac{2r^2}{w_0^2}\right]\exp(\mathrm{i}m\psi) \qquad (5.2.10)$$

其中，$C_{mn} = \sqrt{\dfrac{2^{|m|+1}n!}{\pi(|m|+n)!}}$ 是归一化常数，w_0 是光束径向半经，$L_n^{|m|}$ 是广义拉盖尔–高斯多项式。

通过将式（5.2.9）代入式（5.2.3）和式（5.2.8），可以得到 $\mathcal{E}^{mn}_{\mathrm{H(V)}\pm}(z,t)$ 和 $\rho^{mn}_{\mu\nu}$ 满足的方程为

$$\frac{\partial\rho^{mn}_{12}}{\partial t} = -\gamma_{21}\rho^{mn}_{12} - \mathrm{i}\Omega_{1+}\rho^{mn}_{13} - \mathrm{i}\Omega_{1-}\rho^{mn}_{14}$$

$$\frac{\partial\rho^{mn}_{13}}{\partial t} = -\gamma_{31}\rho^{mn}_{13} - \mathrm{i}\Omega^*_{1+}\rho^{mn}_{12} - \mathrm{i}g_{\mathrm{H+}}\mathcal{E}^{mn}_{\mathrm{H+}}$$

$$\frac{\partial\rho^{mn}_{14}}{\partial t} = -\gamma_{41}\rho^{mn}_{14} - \mathrm{i}\Omega^*_{1-}\rho^{mn}_{12} - \mathrm{i}g_{\mathrm{H-}}\mathcal{E}^{mn}_{\mathrm{H-}}$$

$$\frac{\partial\rho^{mn}_{15}}{\partial t} = -\gamma_{51}\rho^{mn}_{15} - \mathrm{i}\Omega_{2+}\rho^{mn}_{16} - \mathrm{i}\Omega_{2-}\rho^{mn}_{17}$$

$$\frac{\partial\rho^{mn}_{16}}{\partial t} = -\gamma_{61}\rho^{mn}_{16} - \mathrm{i}\Omega^*_{2+}\rho^{mn}_{15} - \mathrm{i}g_{\mathrm{V+}}\mathcal{E}^{mn}_{\mathrm{V+}}$$

$$\frac{\partial\rho^{mn}_{17}}{\partial t} = -\gamma_{71}\rho^{mn}_{17} - \mathrm{i}\Omega^*_{2-}\rho^{mn}_{15} - \mathrm{i}g_{\mathrm{V-}}\mathcal{E}^{mn}_{\mathrm{V-}}$$

$$\left(\frac{\partial}{\partial t} + c\frac{\partial}{\partial z}\right)\mathcal{E}^{mn}_{\mathrm{H(V)+}}(z,t) = \mathrm{i}g_{\mathrm{H(V)+}}N\rho^{mn}_{3(6)1}(z,t)$$

$$\left(\frac{\partial}{\partial t} - c\frac{\partial}{\partial z}\right)\mathcal{E}^{mn}_{\mathrm{H(V)-}}(z,t) = \mathrm{i}g_{\mathrm{H(V)-}}N\rho^{mn}_{4(7)1}(z,t) \qquad (5.2.11)$$

通过上面的转换，展开系数 $\mathcal{E}^{mn}_{\mathrm{H(V)}\pm}(z,t)$ 和 $\rho^{mn}_{\mu\nu}$ 满足的动力学方程的形式与式（5.2.3）和式（5.2.4）完全相同。因此，确定所提方案可以用于偏振和轨道角动量编码的静态纠缠光子的相干产生和操控。由于光子的轨道角动量具有固有的无限个模式，所提方案可作为多模量子存储或转换器，用于多路复用量子中继器。

5.3 本章小结

本章提出了 3 个静态光脉冲形式的光信息存储与提取方案。

（1）基于双 Λ 型四能级原子系统，优化了静态光脉冲的制备方案。通过在存储期间引入一束微波场作用于原子系统的两个基态，由于微波场与原子自旋相干的相消或相长干涉，可以方便地调控原子自旋相干。在合适的参量条件下，可以在不发生形变的情况下有效增强生成的静态光脉冲和提取的信号光场。

（2）基于双 Λ 型四能级原子系统，讨论了携带轨道角动量信息的信号光场的存储与操控，展示了此系统包含两个传播方向相反的暗态极化子，由于提取的两束强度相同、传播方向相反的信号光场的紧密耦合和平衡竞争，可以产生携带轨道角动量信息的静态光脉冲，并且可以通过对控制光场灵活操作实现对信号光场的全光相干操控。

（3）提出了一个多模、多自由度量子存储器。通过对控制光场的主动操作，可实现对偏振和轨道角动量编码的静态光子和静态纠缠光子对的相干产生和操控，并基于纠缠度和构建的约化密度矩阵元讨论了纠缠的动力学演化过程。

上述方案在大容量、高效率信息处理等方面具有重要的潜在应用价值，为可扩展的大容量量子网络中的远端量子存储器之间纠缠的产生、存储和分布提供了一种可能，制备的静态纠缠光子对在无腔量子非线性光学中也有重要的潜在应用价值。

参考文献

[1] ANDRÉ A, LUKIN M D. Manipulating light pulses via dynamically controlled photonic band gap[J]. Physical Review Letters, 2002: 10.1103/PhysRevLett.89.

[2] BAJCSY M, ZIBROV A S, LUKIN M D. Stationary pulses of light in an atomic medium[J]. Nature, 2003, 426(6967): 638-641.

[3] HAM B S. Spatiotemporal quantum manipulation of traveling light: quantum transport[J]. Applied Physics Letters, 2006: doi.org/10.1063/1.2188599.

[4]　XUE Y, HAM B S. Investigation of temporal pulse splitting in a three-level cold-atom ensemble[J]. Physical Review A, 2008: doi.org/10.1103/PhysRevA.78.053830.

[5]　BAO Q Q, ZHANG X H, GAO J Y, et al. Coherent generation and dynamic manipulation of double stationary light pulses in a five-level double-tripod system of cold atoms[J]. Physical Review A, 2011: doi.org/10.1103/PhysRevA.84.063812.

[6]　ZHANG X J, WANG H H, LIU C Z, et al. Direct conversion of slow light into a stationary light pulse[J]. Physical Review A, 2012: doi.org/10.1103/PhysRevA.86.023821.

[7]　WU J H, ARTONI M, LA G C. All-optical light confinement in dynamic cavities in cold atoms[J]. Physical Review Letters, 2009: doi.org/10.1103/PhysRevLett.103.133601.

[8]　LIN Y W, LIAO W T, PETERS T, et al. Stationary light pulses in cold atomic media and without Bragg gratings[J]. Physical Review Letters, 2009: doi.org/10.1103/PhysRevLett.102.213601.

[9]　WU J H, ARTONI M, LA R G C. Stationary light pulses in cold thermal atomic clouds[J]. Physical Review A, 2010: doi.org/10.1103/PhysRevA.82.013807.

[10]　DICKE R H. Coherence in spontaneous radiation processes[J]. Physical Review, 1954, 93(1): 99-110.

[11]　CHOU C W, DE RIEDMATTEN H, FELINTO D, et al. Measurement-induced entanglement for excitation stored in remote atomic ensembles[J]. Nature, 2005, 438(7069): 828-832.

第6章
光信息存储与提取的应用

在推动量子技术走向实用化的过程中，对量子中继器、全光路由器、移相器、分束器、光隔离器等全光器件的需求日益增长。本章基于光信息存储与提取，设计了一个可调谐的全光强度分束器和一个可调谐的全光偏振分束器，并给出了一个图像加法器模型和一个图像减法器模型。

6.1 基于光信息存储的全光分束器

全光分束器是现代物理学中非常重要的一类元件，它能够将入射光在空间或时间域内分割成多束光，在构建干涉仪、实现光信息处理和揭示单光子的量子性质等方面有重要作用[1-5]。传统的分束器是用一种或多种涂层覆盖在透明基板上设计的，其缺点是一旦制造出来，分束比是固定的。根据物理实验和工程应用的需要，到目前为止，已经提出了基于梯度超表面、电磁感应透明、光控光的高调谐分束器[6-10]。

本节基于 EIT 效应的光信息存储，设计了一个可调谐的全光强度分束器和一个可调谐的全光偏振分束器，并讨论了携带轨道角动量信息的光的分束。

6.1.1　全光强度分束器

本节讨论基于静态光脉冲形式光信息存储的全光强度分束器，采用一个双三脚架型五能级原子系统，如图 6.1 所示。$|0\rangle$，$|1\rangle$，$|2\rangle$，$|e\rangle$ 和 $|f\rangle$ 五个能级可分别对应于 $^{87}\mathrm{Rb}$ 原子中的能级 $\left|5^2 S_{1/2}, F=1, m_F=-1\right\rangle$，$\left|5^2 S_{1/2}, F=2, m_F=-1\right\rangle$，$\left|5^2 S_{1/2}, F=2, m_F=+1\right\rangle$，$\left|5^2 P_{1/2}, F=1, m_F=0\right\rangle$ 和 $\left|5^2 P_{1/2}, F=2, m_F=0\right\rangle$。沿 $+\vec{z}$ 方向传播的一束拉比频率为 $\Omega_{\mathrm{p+}}$（波数为 $k_{\mathrm{p+}}$）的弱探测光场和两束拉比频率为 $\Omega_{1(2)+}$（波数为 $k_{1(2)+}$）的强控制光场与能级 $|e\rangle, |0\rangle, |1\rangle, |2\rangle$ 耦合，构成一个三脚架型系统；沿 $-\vec{z}$ 方向传播的一束拉比频率为 $\Omega_{\mathrm{p-}}$（波数为 $k_{\mathrm{p-}}$）的弱探测光场和两束拉比频率为 $\Omega_{1(2)-}$（波数为 $k_{1(2)-}$）的强控制光场与能级 $|f\rangle, |0\rangle, |1\rangle, |2\rangle$ 耦合，构成另一个三脚架型系统。另外，在控制光场关闭期间，引入了两束拉比频率为 Ω_{m1} 和 Ω_{m2} 的弱微波场分别与原子跃迁 $|0\rangle \rightarrow |1\rangle$ 和 $|0\rangle \rightarrow |2\rangle$ 耦合。

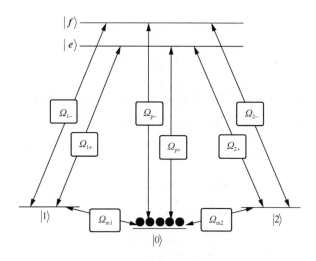

图 6.1　双三脚架型五能级系统

假设探测光场、强控制光场和微波场与对应的原子跃迁共振耦合，在电偶极近似和旋波近似条件下，系统的哈密顿量可表示为

$$
\begin{aligned}
H_{\text{int}} = &-\hbar\left[\Omega_{\mathrm{p+}}|e\rangle\langle 0| + \Omega_{\mathrm{p-}}|f\rangle\langle 0| + \Omega_{1+}|e\rangle\langle 1| + \Omega_{1-}|f\rangle\langle 1|\right] \\
&-\hbar\left[\Omega_{2+}|e\rangle\langle 2| + \Omega_{2-}|f\rangle\langle 2| + \Omega_{\mathrm{m1}}e^{i\Phi_1}|1\rangle\langle 0| + \Omega_{\mathrm{m2}}e^{i\Phi_2}|2\rangle\langle 0|\right] + \text{H.c.}
\end{aligned} \tag{6.1.1}
$$

其中，$\Phi_{1(2)} = \Phi_{1(2)+} - \Phi_{p+} + \Phi_{p-} - \Phi_{1(2)-} + \Phi_{m1(m2)}$。$\Phi_{1(2)\pm}$，$\Phi_{p\pm}$ 和 $\Phi_{m1(m2)}$ 分别是光场 $\Omega_{1(2)\pm}$，$\Omega_{p\pm}$ 和 $\Omega_{m1(m2)}$ 的相位。由于存在光场与原子相互作用的闭环，此模型对相对相位 $\Phi_{1(2)}$ 非常敏感。在相位匹配的条件下，即 $\Phi_{1(2)+} + \Phi_{p-} = \Phi_{p+} + \Phi_{1(2)-}$，可以假设 $\Phi_{1(2)} = \Phi_{m1(m2)}$。

原子介质的动力学演化过程可以用 5×5 密度矩阵 ρ 来描述，即

$$\frac{\partial \rho}{\partial t} = -\frac{i}{\hbar}[H_{int}, \rho] - \Gamma_m[\rho] \tag{6.1.2}$$

其中，Γ_m 是描述系统自发辐射和失相的弛豫矩阵。在弱探测光场和弱微波场条件下，简化的密度矩阵元动力学方程为

$$\frac{\partial \rho_{10}}{\partial t} = i\left[\Omega_{1+}^* \rho_{e0} + \Omega_{1-}^* \rho_{f0} + \Omega_{m1}e^{i\Phi_1}\right] - \gamma_{01}\rho_{10}$$

$$\frac{\partial \rho_{20}}{\partial t} = i\left[\Omega_{2+}^* \rho_{e0} + \Omega_{2-}^* \rho_{f0} + \Omega_{m2}e^{i\Phi_2}\right] - \gamma_{02}\rho_{20}$$

$$\frac{\partial \rho_{e0}}{\partial t} = i\left[\Omega_{1+}\rho_{10} + \Omega_{2+}\rho_{20} + \Omega_{p+}\right] - \gamma_{0e}\rho_{e0}$$

$$\frac{\partial \rho_{f0}}{\partial t} = i\left[\Omega_{1-}\rho_{10} + \Omega_{2-}\rho_{20} + \Omega_{p-}\right] - \gamma_{0f}\rho_{f0} \tag{6.1.3}$$

其中，$\gamma_{0\nu}$ 表示原子跃迁 $|0\rangle \rightarrow |\nu\rangle$（$\nu = 1, 2, e, f$）的相干衰变率。

轨道角动量编码的弱探测光场 $\Omega_{p\pm}$ 在介质中的传播满足麦克斯韦方程，在慢变包络近似条件下，方程可简化为

$$\frac{\partial \Omega_{p+}}{\partial z} + \frac{1}{c}\frac{\partial \Omega_{p+}}{\partial t} = \frac{i}{2k_{p+}}\nabla_\perp^2 \Omega_{p+} + i\frac{Nd_{0e}^2 k_{p+}}{2\varepsilon_0 \hbar}\rho_{e0}$$

$$\frac{\partial \Omega_{p-}}{\partial z} - \frac{1}{c}\frac{\partial \Omega_{p-}}{\partial t} = \frac{-i}{2k_{p-}}\nabla_\perp^2 \Omega_{p-} - i\frac{Nd_{0f}^2 k_{p-}}{2\varepsilon_0 \hbar}\rho_{f0} \tag{6.1.4}$$

其中，$\nabla_\perp^2 = \dfrac{\partial^2}{\partial x^2} + \dfrac{\partial^2}{\partial y^2}$，$d_{0\nu}$ 是对应于原子跃迁 $|0\rangle \rightarrow |\nu\rangle$ 的电偶极矩。

为了直观地揭示轨道角动量编码的弱探测光场的动力学行为，可以将探测光场的拉比频率 $\Omega_{p\pm}$ 展开为

$$\Omega_{p\pm}(r, t) = \sum_{m,n} \mathcal{L}_\pm^{mn}(r, \psi, z)\Omega_{p\pm}^{mn}(z, t) \tag{6.1.5}$$

其中，$r = (x^2 + y^2)^{\frac{1}{2}}$（$\psi$）是柱坐标系中的径向坐标（方位角），$\Omega_{p\pm}^{mn}(z,t)$ 是展开系数，$\mathcal{L}_{\pm}^{mn}(r,\psi,z)$ 满足方程 $2ik_{p\pm}\dfrac{\partial \mathcal{L}_{\pm}^{mn}(r,\psi,z)}{\partial z} \pm \nabla_{\perp}^2 \mathcal{L}_{\pm}^{mn}(r,\psi,z) = 0$，为沿 $+\vec{z}$ 方向轨道角动量为 $m\hbar$ 的拉盖尔-高斯模。在瑞利长度足够大的条件下，$\mathcal{L}_{\pm}^{mn}(r,\psi,z)$ 的表达式可近似表示为

$$\mathcal{L}^{mn}(r,\psi) = \frac{C_{mn}}{\sqrt{w_0}}\left[\frac{\sqrt{2}r}{w_0}\right]^{|m|}\exp\left[-\frac{r^2}{w_0^2}\right]L_n^{|m|}\left[\frac{2r^2}{w_0^2}\right]\exp(im\psi) \tag{6.1.6}$$

其中，$C_{mn} = \sqrt{\dfrac{2^{|m|+1}n!}{\pi(|m|+n)!}}$ 是归一化常数，w_0（$L_n^{|m|}$）是束腰（广义拉盖尔-高斯多项式）。

根据上面的方法，密度矩阵元 ρ_{kj} 和微波场 Ω_{mx}（$x=1,2$）同样可以以 $\mathcal{L}^{mn}(r,\psi)$ 为基展开，可以得到 $\Omega_{p\pm}^{mn}(z,t)$ 满足的方程为

$$\frac{\partial \Omega_{p+}^{mn}}{\partial z} + \frac{1}{c}\frac{\partial \Omega_{p+}^{mn}}{\partial t} = i\frac{Nd_{0e}^2 k_{p+}}{2\varepsilon_0\hbar}\rho_{e0}^{mn}$$

$$\frac{\partial \Omega_{p-}^{mn}}{\partial z} - \frac{1}{c}\frac{\partial \Omega_{p-}^{mn}}{\partial t} = -i\frac{Nd_{0f}^2 k_{p-}}{2\varepsilon_0\hbar}\rho_{f0}^{mn} \tag{6.1.7}$$

其中，ρ_{v0}^{mn} 是对应于密度矩阵元 ρ_{v0} 的展开系数。显然，式（6.1.7）与描述光脉冲在原子介质中传播的麦克斯韦方程相同，从而可以确定本章方案适用于轨道角动量编码的弱探测光场。

下面分析此全光分束器模型的工作性能。假设所有原子已被泵浦到能级 $|0\rangle$，两微波场的拉比频率具有相同的高斯形式 $\Omega_{m1} = \Omega_{m2} = \Omega_m T_m(t)\exp\left[-\dfrac{(z-z_0)^2}{z_t^2}\right]$，控制光场满足 $\Omega_{1(2)\pm} = \Omega_{1(2)}T_{1(2)\pm}(t)$，其中 z_0（z_t）表示峰值位置（半高宽），$\Omega_{m,1,2}$ 表示相应光强的最大值，$T_m(t)$（$T_{1(2)\pm}(t)$）表示微波场（控制光场）随时间的演化。在下面讨论中，给出了两种方式控制探测光场在介质中的传播，对应的控制光场（$T_{1\pm}(t)$ 和 $T_{2\pm}(t)$）和微波场（$T_m(t)$）随时间的演化如图 6.2 所示。其中，$\Omega_1 = \Omega_2 = 10\Gamma$，$\gamma_{0e} = \gamma_{0f} = 1.5\Gamma$，$\gamma_{01} = \gamma_{02} = 0.0001\Gamma$。$\Gamma$ 是原子从激发态跃迁到基态的衰变率，$\Gamma = 5.75\,\text{MHz}$。显然，随着控制光场的打开和闭合，沿 $+\vec{z}$ 方向入射到原子介质中的探测光场经历了 4 个过程：减速、存储、静止、提取。上述过程可以基于暗态极

化子理论进行解释。本章模型的暗态极化子可表示为

$$\Psi_{\pm}(z,t) = \cos[\theta_{\pm}(t)]\Omega_{p\pm} - g\sqrt{N}\sin[\theta_{\pm}(t)](\cos\phi_{\pm}\rho_{01} + \sin\phi_{\pm}\rho_{02}) \qquad (6.1.8)$$

其中，$\tan\theta_{\pm} = \dfrac{g_{\pm}\sqrt{N}}{\sqrt{\Omega_{1\pm}^2 + \Omega_{2\pm}^2}}$，$\tan\phi_{\pm} = \dfrac{\Omega_{2\pm}}{\Omega_{1\pm}}$，$g_{+(-)}$ 表示沿 $+\vec{z}\,(-\vec{z})$ 方向传播的探测光

场与原子的耦合常数。

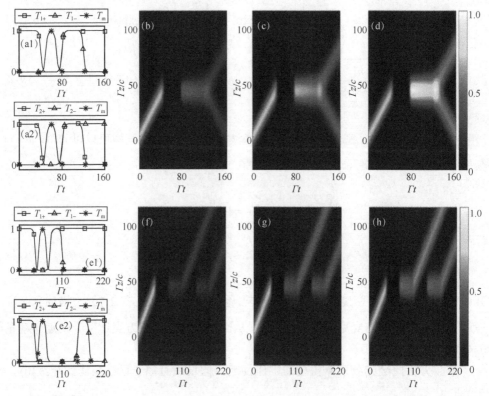

图 6.2　控制光场 $T_{1\pm}$ (a1, e1) 和 $T_{2\pm}$ (a2, e2)，微波场 T_{m} [（a1、a2）对应于图（b、c、d），（e1、e2）对应于图（f、g、h）]。沿 $+\vec{z}$ 方向传播的探测光场在微波场 Ω_{m} 分别为 0（b、f）、$2\times10^{-5}\Gamma$（c、g）、$4\times10^{-5}\Gamma$（d、h）时的动力学传播和演化

　　如图 6.2 所示，当沿 $+\vec{z}$ 方向传播的探测光场和拉比频率相等的两束控制光场 Ω_{1+} 和 Ω_{2+} 进入原子介质后，探测光场在原子介质中的传播速度降为 $v = c\cos^2\theta_{+}$；当控制光场 Ω_{1+} 和 Ω_{2+} 关闭后，探测光场携带的光信息将同时存入原子自旋相干 ρ_{01} 和 ρ_{02}。由于 $\dfrac{\rho_{01}}{\rho_{02}} = \dfrac{\Omega_1}{\Omega_2}$，通过调整两束控制光场的拉比频率，可以以可控的方式

将光信息映射到原子自旋相干 ρ_{01} 和 ρ_{02}。经过适当的时间间隔后，通过同时打开反向传播的控制光场 $\Omega_{1\pm}$（$\Omega_{1+} = \Omega_{1-}$），可以生成两束传播方向相反、强度相同的探测光场。由于生成的两束探测光场的紧密耦合和平衡竞争，形成静态光脉冲；如果控制光场 $\Omega_{2\pm}$ 以 $\Omega_{1\pm}$ 的方式打开，同样可以生成两束探测光场，形成另外一束静态光脉冲。当两束控制光场同时打开（图 6.2（a1～a2））或分别打开（图 6.2（e1～e2））时，可以在同一时间（图 6.2（b～d））或不同时间（图 6.2（f～h））生成两个静态光脉冲。通过同时关闭控制光场 Ω_{1-} 和 Ω_{2+}（或 Ω_{1+} 和 Ω_{2-}），两束静态光脉冲可以分别从介质的入口和出口同时提取（图 6.2(b～d)）；通过先后相继关闭控制光场 Ω_{1+} 和 Ω_{2+}（Ω_{1+} 和 Ω_{2-}），两束静态光脉冲可以在不同时刻从介质的入口（出口）提取（图 6.2（f～h））。综上所述，通过主动操控 4 束控制光场的确可以实现对入射探测光场的减速、存储、静止和提取。

相比较于图 6.2（b、f），由于额外施加的强度相关的弱微波场，图 6.2（c、d、g、h）中产生的静态光脉冲的强度增强了。为了揭示微波场对原子自旋相干的影响，通过求解存储期间的密度矩阵方程式（6.1.3），可以得到 $\rho_{1(2)0}$ 的解为

$$\rho_{1(2)0}(t_1 + t_m) = \rho_{1(2)0}(t_1)e^{-\gamma_{01(2)}t_m} + \mathrm{i}e^{\mathrm{i}\Phi_{1(2)}}\frac{1 - e^{-\gamma_{01(2)}t_m}}{\gamma_{01(2)}}\Omega_m \qquad (6.1.9)$$

其中，t_m 为微波场持续时间，t_1 为控制光场关闭时刻。显然，由于施加的额外微波场，原子自旋相干 $\rho_{1(2)0}$ 确实被调控了。这种调控可以归因于微波场与原子自旋相干之间的相长或相消干涉。因此，通过改变相对相位 $\Phi_{1(2)}$，$\rho_{1(2)0}$ 可以以可控的方式增大或减小。例如，当 $\Phi_{1(2)} = 0, \frac{\pi}{2}$ 时，随着微波场 Ω_m 的增大，$|\rho_{1(2)0}(t_1 + t_m)|$ 将被放大，并且 $\Phi_{1(2)} = \frac{\pi}{2}$ 时的放大倍数大于 $\Phi_{1(2)} = 0$ 时的放大倍数；当 $\Phi_{1(2)} = \frac{3\pi}{2}$ 时，随着微波场 Ω_m 的增大，$|\rho_{1(2)0}(t_1 + t_m)|$ 将先减小再增大。通过微波场对原子自旋相干 $\rho_{1(2)0}(t_1 + t_m)$ 的调控，可以实现对生成的静态光脉冲和提取的弱探测光场的调控。

下面通过数值模拟从探测光场的提取效率 η_x 的角度直观地观察微波场对原子自旋相干的调控。$\eta_x = \dfrac{\int_{-\infty}^{+\infty}|\Omega_x(t)|\mathrm{d}t}{\int_{-\infty}^{+\infty}|\Omega_p(0)|\mathrm{d}t}$，其中，$\Omega_x(t)$ 和 $\Omega_p(0)$ 分别为提取的探测光场在 t 时刻的拉比频率和初始时刻对应的拉比频率。假设 $T_{1\pm}(t)$ 和 $T_{2\pm}(t)$ 分别按

照图 6.2（a1、a2）变化，图 6.3 给出了探测光场提取过程结束后（$\varGamma t = 160$），提取效率 η_{p+} 随 $\varOmega_m$ 和 $\varPhi_1$ 的变化曲线。显然，曲线的变化规律与上面的分析结果完全一致。

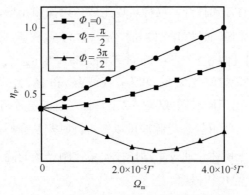

（a）在 $\varGamma t = 200$ 时刻 η_{p+} 随 $\varOmega_m$ 的变化曲线

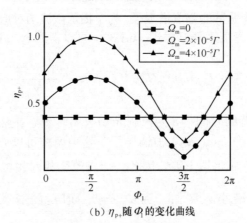

（b）η_{p+} 随 $\varPhi_1$ 的变化曲线

图 6.3　探测光场提取过程结束后，η_{p+} 随 $\varOmega_m$ 和 $\varPhi_1$ 的变化曲线

　　根据上面的讨论，提取的两束探测光场可以分别独立地受控制光场和微波场的调控。因此，此模型可以被用来制作全光分束器。图 6.4 给出了提取效率 η_{p+} 和 η_{p-} 相对于 $\dfrac{\varOmega_1}{\varOmega_1 + \varOmega_2}$ 和 $\varOmega_m$ 的变化曲线，从图 6.4 中可以看出，两束提取的探测光场的比值可以在一个很大范围内连续调节。在图 6.4（a）和图 6.4（b）中，提取可见度 $\dfrac{\eta_{p+} - \eta_{p-}}{\eta_{p+} + \eta_{p-}}$ 分别可达 100% 和 83%。当然，通过对控制光场和微波场的联合调控，可以更灵活、方便地实现对两束探测光场的提取可见度的调控。

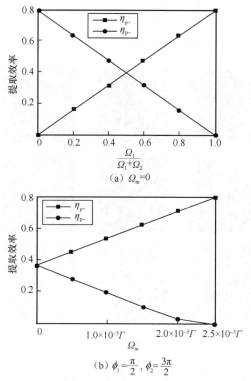

$$（a）\varOmega_{\mathrm{m}}=0$$

$$（b）\phi_1=\frac{\pi}{2}，\phi_2=\frac{3\pi}{2}$$

图 6.4　提取效率 $\eta_{\mathrm{p}+}$ 和 $\eta_{\mathrm{p}-}$ 相对于 $\dfrac{\varOmega_1}{\varOmega_1+\varOmega_2}$ 和 $\varOmega_{\mathrm{m}}$ 的变化曲线

最后，讨论轨道角动量编码的探测光场的存储与提取。图 6.5 给出了携带拉盖尔-高斯模$[(\mathrm{LG})_0^2+(\mathrm{LG})_0^{-2}]$的探测光场在各个时刻的强度分布。第一列是存储前（ $\varGamma t=0$ ）的探测光场的强度分布；第二列是控制光场 $\varOmega_{1+}$ 和 $\varOmega_{2+}$ 完全关闭（ $\varGamma t=60$ ）后的探测光场的强度分布，可以看出此时光场分量消失了，因为光信息已经存储到了原子自旋相干 ρ_{01} 和 ρ_{02} 中；第三列给出了静态光脉冲的强度分布（ $\varGamma t=100$ ）；第四列和第五列分别给出了沿 $+\vec{z}$ 和 $-\vec{z}$ 方向提取的探测光场的强度分布（ $\varGamma t=160$ ）。可以很容易地看到，通过主动操控控制光场和微波场，携带轨道角动量信息的探测光场可以高保真地被存储、提取和操纵。第一行对应的条件是： $\varOmega_1=\varOmega_2$ 和 $\varOmega_{\mathrm{m}}=0$ ，可以看出生成的静态光脉冲和提取的探测光场均减弱了，提取的两探测光场的强度分布完全相同；第二行对应的条件是 $\varOmega_1=\varOmega_2$ ， $\varOmega_{\mathrm{m}}=2\times10^{-5}\varGamma$ ， $\varPhi_1=\dfrac{\pi}{2}（\varPhi_2=\dfrac{3\pi}{2}）$ ，可以看出由于微波场与原子自旋相干之间的相长（相消）干涉沿 $+\vec{z}（-\vec{z}）$方向提取的探测光场增强（减弱）了。第三行对应的条件是 $\varOmega_1=2\varOmega_2$ ， $\varOmega_{\mathrm{m}}=2\times10^{-5}\varGamma$ ， $\varPhi_1=\varPhi_2=\dfrac{\pi}{2}$ ，可以看出通过对控制光场的调控，同样可以实现对两束提取的探测光场的操控。因此，基于此模型可以制备全光强度分束器。

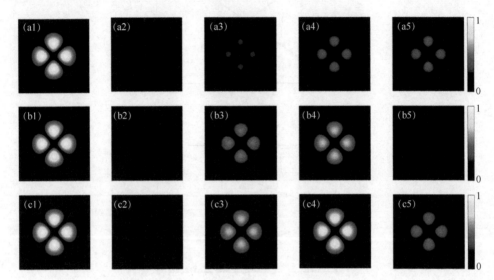

图 6.5　携带拉盖尔-高斯模$[(LG)_0^2 + (LG)_0^{-2}]$的探测光场在各个时刻的强度分布

上述方案因为只有两个光信息存储通道，入射的探测光场只能分成两束探测光场。通过引入额外的基态，该方案可以推广到具有多个光信息存储通道的系统。例如，一个有 N 个基态和两个激发态的原子系统，在两束探测光场和 $2(N-1)$ 束控制光场驱动下，具有 $N-1$ 个光存储通道，可以将一束探测光场分成 $N-1$ 束光场。通过对控制光场在时间和方向上进行灵活操控，可设计功能更加强大的全光分束器。

6.1.2　全光偏振分束器

为了实现偏振分束器，本节提出了一个三脚架-双 M 型八能级原子系统。能级 $|0\rangle$，$|1\rangle$，$|2\rangle$，$|3\rangle$，$|4\rangle$，$|5\rangle$，$|6\rangle$ 和 $|7\rangle$ 分别由 ^{87}Rb 原子中的能级 $|5^2S_{1/2}, F=1, m_F=0\rangle$，$|5^2S_{1/2}, F=2, m_F=-1\rangle$，$|5^2S_{1/2}, F=2, m_F=1\rangle$，$|5^2P_{1/2}, F=1, m_F=0\rangle$，$|5^2P_{1/2}, F=1, m_F=-1\rangle$，$|5^2P_{1/2}, F=2, m_F=-1\rangle$，$|5^2P_{1/2}, F=1, m_F=1\rangle$ 和 $|5^2P_{1/2}, F=2, m_F=1\rangle$ 构成。假设所有原子已被泵浦到能级 $|0\rangle$。整个过程可分为以下 4 个步骤。

1. 信号光场的存储
一束拉比频率为 Ω_π 的弱探测光场作用于原子跃迁 $|0\rangle \rightarrow |3\rangle$，两束拉比频率分

别为 Ω_{c1} 和 Ω_{c2} 的强控制光场分别作用于原子跃迁 $|1\rangle \rightarrow |3\rangle$ 和 $|2\rangle \rightarrow |3\rangle$，两束拉比频率分别为 Ω_{m1} 和 Ω_{m2} 的弱微波场分别作用于原子跃迁 $|1\rangle \rightarrow |0\rangle$ 和 $|2\rangle \rightarrow |0\rangle$。因此，在这一过程中，提出的模型可以简化为一个三脚架型四能级原子系统，如图 6.6 所示。

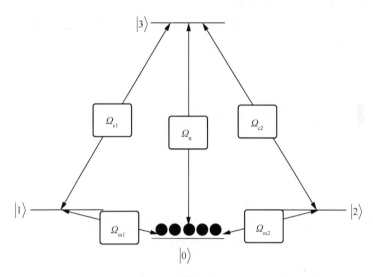

图 6.6　三脚架型四能级原子系统

在不失一般性的情况下，假定所有光场都与相应的原子跃迁共振耦合。在电偶极近似和旋波近似下，系统的相互作用哈密顿量可以表示为

$$H_1 = -\hbar[\Omega_\pi |3\rangle\langle 0| + \Omega_{c1}|3\rangle\langle 1| + \Omega_{c2}|3\rangle\langle 2| + \Omega_{m1}e^{i\Phi_1}|1\rangle\langle 0| + \Omega_{m2}e^{i\Phi_2}|2\rangle\langle 0| + \text{H.c.}]$$

(6.1.10)

其中，$\Phi_1(\Phi_2)$ 是微波场 $\Omega_{m1}(\Omega_{m2})$ 相对于其他应用的光场的相对相位。

根据参考文献[11]，此系统的暗态极化子的形式为

$$\Psi(z,t) = \cos[\theta(t)]\Omega_\pi - g\sqrt{N}\sin[\theta(t)](\cos\phi\rho_{01} + \sin\phi\rho_{02})$$

(6.1.11)

其中，$\tan\theta = g\dfrac{\sqrt{N}}{\sqrt{\Omega_{c1}^2 + \Omega_{c2}^2}}$，$\tan\phi = \dfrac{\Omega_{c2}}{\Omega_{c1}}$，$g$ 是信号光场与原子的耦合常数，$\rho_{01(2)}$ 是相关的密度矩阵元。暗态极化子 $\Psi(z,t)$ 满足方程 $\dfrac{\partial \Psi}{\partial t} + c\cos^2\theta\dfrac{\partial \Psi}{\partial z} \approx 0$，并以速度 $v = c\cos^2\theta$ 在介质中传播。式（6.1.11）表明，当控制光场绝热关闭时，信号光

场携带的信息将映射到原子自旋相干 ρ_{01} 和 ρ_{02}，并且满足 $\dfrac{\rho_{01}}{\rho_{02}} = \dfrac{\Omega_{c1}}{\Omega_{c2}}$。因此，通过调控两束控制光场 Ω_{c1} 和 Ω_{c2}，可以将探测光场以任意比例映射到原子自旋相干 ρ_{01} 和 ρ_{02}。

2. 原子自旋相干的可控调制

当两束控制光场 Ω_{c1} 和 Ω_{c2} 绝热关闭后，打开两微波场。通过求解相关的密度矩阵元方程，可以得到微波场 Ω_{m1}（Ω_{m2}）对原子自旋相干 ρ_{01}（ρ_{02}）的调控。相关的密度矩阵元方程为

$$\frac{\partial \rho_{01}}{\partial t} = -\gamma_{10}\rho_{01} + i\Omega_{m1}^* e^{-i\Phi_1}(\rho_{11} - \rho_{00})$$

$$\frac{\partial \rho_{02}}{\partial t} = -\gamma_{20}\rho_{02} + i\Omega_{m2}^* e^{-i\Phi_2}(\rho_{22} - \rho_{00}) \qquad (6.1.12)$$

其中，$\gamma_{\nu\mu}$ 表示原子跃迁 $|\nu\rangle \to |\mu\rangle$ 的相干衰变率。

假设微波场 $\Omega_{m1(2)}$ 持续的时间为 $t_{m1(2)}$，控制光场 $\Omega_{c1(2)}$ 在 t_1 时刻关闭。在满足 EIT 条件（$\rho_{00} \simeq 1, \rho_{11} \simeq 0, \rho_{22} \simeq 0$）下，密度矩阵元 $\rho_{01(2)}$ 的表达式为

$$\rho_{01(2)}(t_1 + t_{m1(2)}) = -\frac{i\Omega_{m1(2)}e^{-i\Phi_{1(2)}}}{\gamma_{1(2)0}} +$$

$$\left[\rho_{01(2)}(t_1) + \frac{i\Omega_{m1(2)}e^{-i\Phi_{1(2)}}}{\gamma_{1(2)0}}\right]\exp\left(-\gamma_{1(2)0}t_{m1(2)}\right) \qquad (6.1.13)$$

显然，原子自旋相干 $\rho_{01(2)}$ 的强度和相移受到微波场 $\Omega_{m1(2)}$ 的拉比频率和相对相位的调制。

当 $\Phi_{1(2)} = 0$ 时，密度矩阵元 $\rho_{01(2)}$ 简化为

$$\rho_{01(2)}(t_1 + t_{m1(2)}) = \rho_{01(2)}(t_1)\exp(-\gamma_{1(2)0}t_{m1(2)}) -$$

$$i\frac{\left[1 - \exp(-\gamma_{1(2)0}t_{m1(2)})\right]\Omega_{m1(2)}}{\gamma_{1(2)0}} \qquad (6.1.14)$$

随着 $\Omega_{m1(2)}$ 的增大，$\left|\rho_{01(2)}(t_1 + t_{m1(2)})\right|$ 可以以可控的方式放大。

当 $\Phi_{1(2)} = \dfrac{\pi}{2}$ 时，密度矩阵元 $\rho_{01(2)}$ 简化为

$$\rho_{01(2)}(t_1 + t_{\mathrm{m1}(2)}) = \rho_{01(2)}(t_1)\exp(-\gamma_{1(2)0}t_{\mathrm{m1}(2)}) -$$
$$\frac{\left[1 - \exp(-\gamma_{1(2)0}t_{\mathrm{m1}(2)})\right]\Omega_{\mathrm{m1}(2)}}{\gamma_{1(2)0}} \tag{6.1.15}$$

此时，$\left|\rho_{01(2)}(t_1 + t_{\mathrm{m1}(2)})\right|$ 也可以以可控的方式放大，并且放大效应强于 $\Phi_{1(2)} = 0$ 的情况。

当 $\Phi_{1(2)} = \dfrac{3\pi}{2}$ 时，密度矩阵元 $\rho_{01(2)}$ 简化为

$$\rho_{01(2)}(t_1 + t_{\mathrm{m1}(2)}) = \rho_{01(2)}(t_1)\exp(-\gamma_{1(2)0}t_{\mathrm{m1}(2)}) +$$
$$\frac{\left[1 - \exp(-\gamma_{1(2)0}t_{\mathrm{m1}(2)})\right]\Omega_{\mathrm{m1}(2)}}{\gamma_{1(2)0}} \tag{6.1.16}$$

可以看出，随着 $\Omega_{\mathrm{m1}(2)}$ 的增大，$\left|\rho_{01(2)}(t_1 + t_{\mathrm{m1}(2)})\right|$ 先减小后增大。由于提取的信号光场正比于 $\rho_{01(2)}(t_1 + t_{\mathrm{m1}(2)})$，通过 Ω_{m1} 和 Ω_{m2} 对原子自旋相干 ρ_{01} 和 ρ_{02} 的独立调控，可实现对提取的两探测光场的独立操控。

3. 静态光脉冲的相干产生和操控

经过一段时间之后，一束沿 $+\vec{z}$ 方向传播拉比频率为 Ω_{1+}（Ω_{2+}）、波数为 k_{1+}（k_{2+}）的强控制光场作用于原子跃迁 $|1\rangle \rightarrow |4\rangle$（$|2\rangle \rightarrow |6\rangle$）时，将会产生一束沿 $+\vec{z}$ 方向传播拉比频率为 $\Omega_{\mathrm{L+}}$（$\Omega_{\mathrm{R+}}$）、波数为 $k_{\mathrm{L+}}$（$k_{\mathrm{R+}}$）的左（右）圆偏振信号光场；一束沿 $-\vec{z}$ 方向传播拉比频率为 Ω_{1-}（Ω_{2-}）、波数为 k_{1-}（k_{2-}）的强控制光场作用于原子跃迁 $|1\rangle \rightarrow |5\rangle$（$|2\rangle \rightarrow |7\rangle$）时，将会产生一束沿 $-\vec{z}$ 方向传播拉比频率为 $\Omega_{\mathrm{L-}}$（$\Omega_{\mathrm{R-}}$）、波数为 $k_{\mathrm{L-}}$（$k_{\mathrm{R-}}$）的左（右）圆偏振信号光场。此时，有效的原子-光场相互作用系统为双 M 型，如图 6.7 所示。

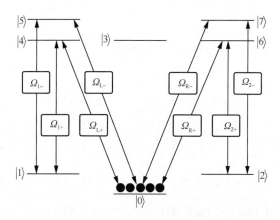

图 6.7　静态光脉冲的相干产生和操控时光场与原子的相互作用

左（右）圆偏振信号光场 $\Omega_{L(R)\pm}$ 在原子介质中的传播满足麦克斯韦方程。在慢变包络近似下，信号光场 $\Omega_{L(R)\pm}$ 满足的运动学方程为

$$\frac{\partial \Omega_{L(R)+}}{\partial z} + \frac{1}{c}\frac{\partial \Omega_{L(R)+}}{\partial t} = +\mathrm{i}\frac{Nd_{04(6)}^2 k_{L(R)+}}{2\varepsilon_0\hbar}\rho_{4(6)0}$$

$$\frac{\partial \Omega_{L(R)-}}{\partial z} - \frac{1}{c}\frac{\partial \Omega_{L(R)-}}{\partial t} = -\mathrm{i}\frac{Nd_{05(7)}^2 k_{L(R)-}}{2\varepsilon_0\hbar}\rho_{5(7)0} \tag{6.1.17}$$

其中，$d_{kj}(k \neq j)$ 是对应于原子跃迁 $|k\rangle \to |j\rangle$ 的电偶极矩。

在电偶极近似和旋波近似条件下，相互作用哈密顿量可以写为

$$H_2 = -\hbar\big[\Omega_{L+}|4\rangle\langle 0| + \Omega_{L-}|5\rangle\langle 0| + \Omega_{1+}|4\rangle\langle 1| + \Omega_{1-}|5\rangle\langle 1|\big] -$$

$$\hbar\big[\Omega_{R+}|6\rangle\langle 0| + \Omega_{R-}|7\rangle\langle 0| + \Omega_{2+}|6\rangle\langle 2| + \Omega_{2-}|7\rangle\langle 2|\big] + \text{H.c.} \tag{6.1.18}$$

由式（6.1.18）可以得到系统密度矩阵元满足的刘维尔方程。基于麦克斯韦方程和刘维尔方程，可以讨论信号光场在介质中的动力学演化过程。

假设微波场 Ω_{m1} 满足 $\Omega_{m1} = \Omega'_{m1}\exp\left[-\frac{(z-z_0)^2}{z_t^2}\right]$，其中 z_0 是峰值位置，z_t 是半高宽。相关光场按如下规律变化

$$\Omega_{c1} = \Omega_c\left(0.5 - 0.5\tanh\frac{t-t_1}{t_s}\right)$$

$$\Omega'_{m1} = \Omega_m\left(0.5\tanh\frac{t-t_2}{t_s} - 0.5\tanh\frac{t-t_3}{t_s}\right)$$

$$\Omega_{1+} = \Omega_1\left(0.5 + 0.5\tanh\frac{t-t_4}{t_s}\right)$$

$$\Omega_{1-} = \Omega_1\left(0.5\tanh\frac{t-t_4}{t_s} - 0.5\tanh\frac{t-t_5}{t_s}\right) \tag{6.1.19}$$

其中，$t_1 \leqslant t_2 < t_3 \leqslant t_4 < t_5$，变化曲线如图 6.8(a)所示。其他参量为 $\gamma_{k0} = \gamma_{k1} = \gamma_{k2} = 1.5\Gamma$，$\gamma_{kj} = 3\Gamma\,(k>j)$，$\gamma_{10} = \gamma_{20} = \gamma_{21} = 0.001\Gamma$，$\Omega_c = \Omega_1 = 10\Gamma$，$\Phi = \frac{\pi}{2}$。$\Gamma$ 是原子从激发态跃迁到基态的衰变率，$\Gamma = 5.75\,\text{MHz}$。

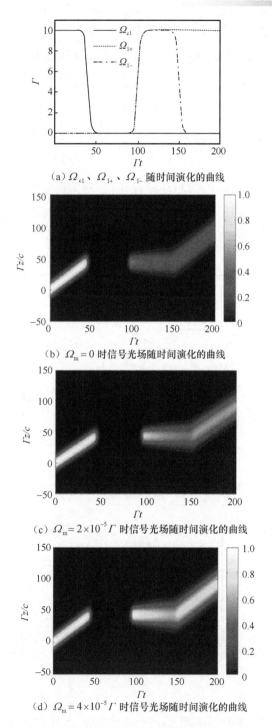

（a）Ω_{c1}、Ω_{1+}、Ω_{1-} 随时间演化的曲线

（b）$\Omega_m = 0$ 时信号光场随时间演化的曲线

（c）$\Omega_m = 2 \times 10^{-5}\, \Gamma$ 时信号光场随时间演化的曲线

（d）$\Omega_m = 4 \times 10^{-5}\, \Gamma$ 时信号光场随时间演化的曲线

图 6.8　不同条件下控制光场随时间演化的曲线

图 6.8（b～d）给出了微波场拉比频率 $\Omega_m = 0$、$2\times10^{-5}\,\Gamma$、$4\times10^{-5}\,\Gamma$ 时信号光场的传播和演化。在没有微波场时，产生的静态光脉冲和提取的信号光场会发生扩散和减弱；在存在微波场时，产生的静态光脉冲和提取的信号光场都能够高保真度地放大，并且放大倍数随着微波场的增强而增大。

下面，通过探测光场的提取效率 $\eta_{L(R)\pm}(t) = \dfrac{\int_{-\infty}^{+\infty}\left|\Omega_{L(R)\pm}(t)\right|\mathrm{d}t}{\int_{-\infty}^{+\infty}\left|\Omega_{\pi}(0)\right|\mathrm{d}t}$ 来直观地观察微波场对原子自旋相干的调控。其中，$\Omega_x(t)$ 和 $\Omega_p(0)$ 分别为提取的探测光场在 t 时刻的拉比频率和初始时刻对应的拉比频率。图 6.9 和图 6.10 分别给出了提取效率 η_{L+} 随 Ω_m 和 Φ_1 的变化曲线。数值模拟结果与上述解析解完全一致。

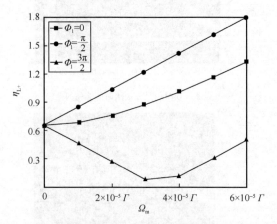

图 6.9　在 $\Gamma t = 200$ 时刻探测光场的提取效率 η_{L+} 随微波场拉比频率 Ω_m 变化的曲线

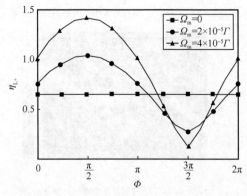

图 6.10　在 $\Gamma t = 200$ 时刻探测光场的提取效率 η_{L+} 随相对相位 Φ 变化的曲线

4．全光偏振分束器

本节讨论如何实现可调谐的全光偏振分束器。首先，看一个最简单的情况，即 $\Omega_{c1}=\Omega_{c2}$ ， $\Omega_{m2}=\Omega_{m1}=0$ ， Ω_{1+} 和 Ω_{2-} （ Ω_{1-} 和 Ω_{2+} ）分别按图 6.8(a)中 Ω_{1+} 和 Ω_{1-} 变化。显然，在 $\Gamma t=200$ 时刻之前，信号光场的演化过程完全相同。当控制光场 Ω_{1-} 和 Ω_{2+} 被关闭后，沿 $+z$ 方向传播的左圆偏振信号光场和沿 $-z$ 方向传播的右圆偏振信号光场被提取出来，并实现了空间分离，如图 6.11 所示。通过主动操控控制光场 $\Omega_{1\pm}$ 和 $\Omega_{2\pm}$ ，左圆和右圆偏振信号光场可以同时或不同时提取，也可以在同一方向或相反方向提取。当前系统设置的缺点是提取的两束偏振信号光场的分束比不能调节，只能等于 1。

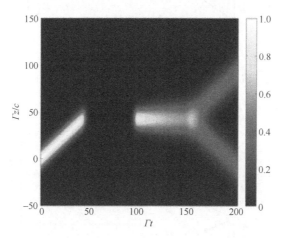

图 6.11　信号光场的动力学传播与演化

现在，给出两种可行方案来灵活调节左圆和右圆偏振信号光场的分束比。方案一是通过调节控制光场 Ω_{c1} 和 Ω_{c2} 来实现，其他过程与上面情况相同。图 6.12 给出了提取效率 η_{L+} 和 η_{R-} 随 $\dfrac{\Omega_{c1}}{\Omega_{c1}+\Omega_{c2}}$ 变化的曲线。其中， $\Omega_m=0$ ，其他参量同图 6.8。从图 6.12 中可以看出，通过调控控制光场 Ω_{c1} 和 Ω_{c2} ，左圆和右圆偏振信号光场的分束比在一个很大范围内是连续可调的，提取可见度（定义为 $\dfrac{\eta_{L+}-\eta_{R-}}{\eta_{L+}+\eta_{R-}}$ ）可达 100%。方案二是通过调节微波场 Ω_{m1} 和 Ω_{m2} 来实现。图 6.13 给出了提取效率 η_{L+} 和 η_{R-} 随微波场拉比频率 Ω_m 的变化曲线。其中， $\Omega_{c1}=\Omega_{c2}$ ，其他参量同图 6.8。由于微波场与原子自旋相干的相长或相消干涉，左圆和右圆偏振信号光场的分束比同样是可以在一个很大范围内连续可调的，提取可见度可达 93.5%。当然，通过对控制光场（Ω_{c1} 和 Ω_{c2}）和微波场（Ω_{m1} 和 Ω_{m2}）的联合调节，可以更灵活、更方便地调节提取的两束信号光的分束比。

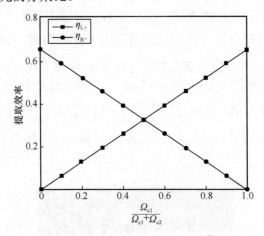

图 6.12　信号光场的提取效率 η_{L+} 和 η_{R-} 随 $\dfrac{\Omega_{c1}}{\Omega_{c1}+\Omega_{c2}}$ 的变化曲线

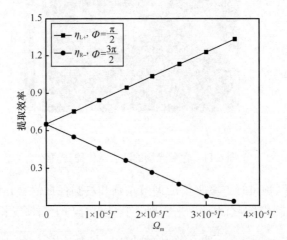

图 6.13　信号光场的提取效率 η_{L+} 和 η_{R-} 随 Ω_m 的变化曲线

6.2　基于光信息存储的图像加法器和减法器

　　图像加法器和减法器是能够实现对两幅或两幅以上二维图像进行加、减运算的器件，在实现大容量、高速率信息处理等方面具有重要的应用。本节基于 EIT 效应的二维图像存储和交叉相位调制设计了一个图像加法器和一个图像减法器。

6.2.1　模型简介

图像加法器和减法器的光路如图 6.14(a)所示，包含光路控制系统和 $4f$ 成像系统。光路控制系统位于图 6.14(a)中的黑色虚线矩形中，信号光场 s_2 透过分束器 BS_1 后直接穿过 $mask_2$；信号光场 s_1 透过分束器 BS_1 后，通过控制平面镜 M_2 可以直接穿过 $mask_1$，也可以首先进入囚禁在 MOT_1 中的原子介质，然后再穿过 $mask_1$。拉比频率为 Ω_{s1} 的信号光场 E_{s1} 和拉比频率为 Ω_c 的控制光场分别与原子跃迁 $|1\rangle \leftrightarrow |3\rangle$ 和 $|2\rangle \leftrightarrow |3\rangle$ 共振耦合，拉比频率为 Ω_m 的微波场与原子跃迁 $|2\rangle \leftrightarrow |4\rangle$ 耦合，失谐为 Δ_m。光场与原子介质的相互作用构成如图 6.14（b）所示的准 Λ 型四能级系统。

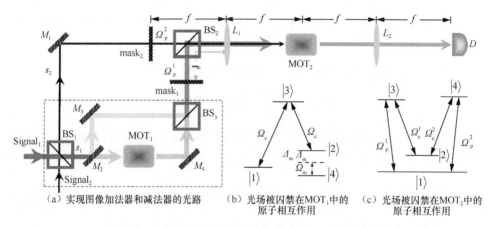

（a）实现图像加法器和减法器的光路　　（b）光场被囚禁在 MOT_1 中的原子相互作用　　（c）光场被囚禁在 MOT_2 中的原子相互作用

图 6.14　基于光信息存储的图像加法器和减法器模型

$4f$ 成像系统由两个焦距都是 f 的透镜构成。$mask_1$ 和 $mask_2$ 放置在透镜 L_1 的前焦面（x_o, y_o）上，在透镜 L_2 的后焦面（x_I, y_I）上获得成像。两透镜共轴，并且相距 $2f$。囚禁在 MOT_2 中的原子介质放置在两个透镜的中心平面（x, y）上，用于存储 $mask_1$ 和 $mask_2$ 的夫琅禾费衍射图像。信号光场 s_1 和 s_2 穿过 $mask_1$ 和 $mask_2$ 后的图像 E_p^1 和 E_p^2（拉比频率为 Ω_p^1 和 Ω_p^2）分别与原子跃迁 $|1\rangle \leftrightarrow |3\rangle$ 和 $|1\rangle \leftrightarrow |4\rangle$ 共振耦合，两拉比频率为 Ω_c^1 和 Ω_c^2 的控制光场分别与原子跃迁 $|2\rangle \leftrightarrow |3\rangle$ 和 $|2\rangle \leftrightarrow |4\rangle$ 共振耦合。光场与原子介质的相互作用构成如图 6.14（c）所示的双 Λ 型四能级系统。

6.2.2 图像加法器

下面介绍提出的图像加法器是如何工作的。当平面镜 M_2 存在时，两束信号光场 s_1 和 s_2 分别穿过 $mask_1$ 和 $mask_2$，并同时进入被囚禁在 MOT_2 中的原子介质中，与相应原子跃迁 $|1\rangle \leftrightarrow |3\rangle$ 和 $|1\rangle \leftrightarrow |4\rangle$ 相干耦合，其中，假设初始时所有原子已经被泵浦到基态 $|1\rangle$。

系统的暗态极化子的形式可表示为

$$\Psi = \cos\theta[\cos\phi E_p^1 + \sin\phi E_p^2] - \sin\theta\sqrt{N}\rho_{12} \qquad (6.2.1)$$

其中，N 是原子密度，$\tan\theta = \dfrac{g\sqrt{N}}{\sqrt{(\Omega_c^1)^2 + (\Omega_c^2)^2}}$，$\tan\phi = \dfrac{\Omega_c^2}{\Omega_c^1}$，$g$ 是信号光场与原子的耦合常数。从式（6.2.1）可知，当两束控制光场 Ω_c^1 和 Ω_c^2 绝热关闭时，信号光场 s_1 和 s_2 携带的图像信息会映射到原子自旋相干 ρ_{12}；当两束控制光场 Ω_c^1 和 Ω_c^2 绝热打开时，存储在原子自旋相干 ρ_{12} 中的信息将会被提取出来。

当两束控制光场都绝热关闭后，根据参考文献[11]可知

$$\rho_{12}(x,y) = -\frac{g}{\Omega_c^1}E_p^1(x,y) - \frac{g}{\Omega_c^2}E_p^2(x,y) \qquad (6.2.2)$$

式（6.2.2）表示两束信号光场携带的信息存储到同一原子自旋相干 ρ_{12} 中。当关闭前的两束控制光场的拉比频率相同时，即 $\Omega_c^1 = \Omega_c^2$，可以得到 $\rho_{12}(x,y) = -\dfrac{g}{\Omega_c^1}[E_p^1(x,y) + E_p^2(x,y)]$，从而可以实现对两幅图像信息的相加。当然，通过改变两束控制光场的拉比频率，可以实现加权的图像加法器。

经过一段存储时间，根据需要绝热地打开控制光场 Ω_c^1（Ω_c^2）可以将存储于原子自旋相干的信息提取出来，提取信号光场的表达式可表示为 $E_r^{1(2)}(x,y) \propto E_p^1(x,y) + E_p^2(x,y)$。在提取过程中，如果同时打开两束控制光场，可以提取两束均携带了两幅图像信息的信号光场。通过控制两束控制光场的拉比频率，可以调整提取的两束信号光场的强度。

6.2.3 图像减法器

下面介绍提出的图像减法器是如何工作的。基本方法是在上述图像加法器基础上将相移 π 引入其中一束信号光场。为了实现这一目的，撤掉平面镜 M_2，让信号

光场 s_1 进入被囚禁在 MOT_1 中的原子介质中并与相应原子跃迁 $|1\rangle \leftrightarrow |3\rangle$ 共振耦合，其中，假设所有原子已经被泵浦到基态 $|1\rangle$。

当控制光场 Ω_c 被绝热关闭，拉比频率为 Ω_{s1} 的信号光场 E_{s1} 被映射到原子自旋相干 ρ_{12}，然后施加作用于原子跃迁 $|2\rangle \leftrightarrow |4\rangle$ 的微波场来调控原子自旋相干 ρ_{12} 的演化。相关的密度矩阵方程可表示为

$$\frac{\mathrm{d}\rho_{21}}{\mathrm{d}t} = \mathrm{i}\frac{\Omega_m}{2}\rho_{41} - \frac{\Gamma_{21}}{2}\rho_{21}$$

$$\frac{\mathrm{d}\rho_{41}}{\mathrm{d}t} = \mathrm{i}\Delta_m\rho_{41} + \mathrm{i}\frac{\Omega_m^*}{2}\rho_{21} - \frac{\Gamma_{41}}{2}\rho_{41} \qquad (6.2.3)$$

其中，Γ_{ij} 是相应原子相干 ρ_{ij} 的失相率。假设微波场持续时间为 t_m，密度矩阵元 ρ_{21} 的稳态解为

$$\rho_{21}(t_m) = \rho_{21}(0)\exp\left(-\frac{\Gamma_{21}}{2}t_m\right)\exp\left(-\frac{|\Omega_m|^2 t_m}{2\Gamma_{41} - \mathrm{i}4\Delta_m}\right) \qquad (6.2.4)$$

显然，通过在存储期间引入一束微波场，可对原子自旋相干 ρ_{21} 施加强度和相位调制，从而改变提取信号光场的相移和提取与输入信号光场能量的比值。定义振幅衰减因子 α 和相位调制因子 Φ，其具体形式为

$$\alpha = \left(\frac{\Gamma_{21}}{2} + \frac{\Gamma_{41}}{2}\frac{|\Omega_m|^2}{\Gamma_{41}^2 + 4\Delta_m^2}\right)t_m$$

$$\Phi = -\frac{|\Omega_m|^2 \Delta_m}{\Gamma_{41}^2 + 4\Delta_m^2}t_m \qquad (6.2.5)$$

从而，原子自旋相干可表示为 $\rho_{21}(t_m) = \rho_{21}(0)\exp(-\alpha + \mathrm{i}\Phi)$。可以很容易地看出，通过调节微波场的拉比频率 Ω_m、失谐 Δ_m 和持续时间 t_m，可以有效调控相位调制因子 Φ；相位调制因子 Φ 与振幅衰减因子 α 呈线性关系，即相位调制因子越大，能量损耗越严重。

为了更清楚地呈现相位调制因子 Φ 与能量提取效率 ξ 之间的关系，在图 6.15 中给出了提取信号光场的相移和能量提取效率随微波场拉比频率和失谐变化的曲线。其中，$\xi = \dfrac{|\rho_{21}(t_m)|^2}{|\rho_{21}(0)|^2}$，其他参量为 $\Gamma_{21} = \Gamma_{41} = 1\,\mathrm{kHz}$，$\Omega_m = 5\,\mathrm{MHz}$，$\Delta_m = -20\,\mathrm{MHz}$。横纵坐标数据均做无量纲化处理。从图 6.15 中可以看出，通过调节微波场，可以在提取光场能量损失近似忽略的情况下得到任意相移。需要注意的是，现在已经有

多种方法可以实现相位调制，例如，使用电光调制器、空间光调制器和压电镜。相比之下，本节采用的方法只是一种选择，该方法在实现相位调制的同时可实现对光信息的存储，可能在集成光器件的设计中有潜在的应用价值。

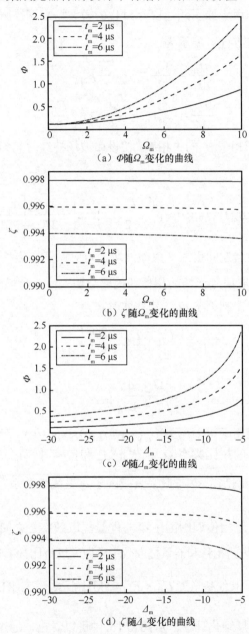

图 6.15　提取信号光场的相移 Φ 和能量提取效率 ξ 随拉比频率 Ω_{m} 和失谐 Δ_{m} (c、d)的变化曲线

经过一段存储时间 t ($t \geqslant t_\mathrm{m}$) 之后，根据需要绝热地打开控制光场 Ω_c 可以将存储于原子自旋相干 ρ_{21} 的信息提取出来，提取出来的信号光场可表示为 $E_\mathrm{s1}^\mathrm{r}(t) \propto E_\mathrm{s1}(0)\exp(-\alpha+\mathrm{i}\varPhi)$。

然后，让两束信号光场分别穿过 mask$_1$ 和 mask$_2$ 后入射到囚禁在 MOT$_2$ 中的原子介质中。根据上述加法器，在成像平面（x_I，y_I）探测到的信号光场可表示为

$$E_\mathrm{r}^{1(2)}(x,y) \propto E_\mathrm{p}^1(x,y) + E_\mathrm{p}^2(x,y)\exp(-\alpha+\mathrm{i}\varPhi) \tag{6.2.6}$$

显然，通过调节微波场 Ω_m、两束控制光场 Ω_c^1 和 Ω_c^2 可实现对两幅图像的加权减法器。

6.2.4 原子扩散效应

在考虑原子扩散效应的情况下，原子自旋相干 $\rho_{12}(x,y)$ 在平面（x,y）的动力学方程可以用二维扩散方程来描述，即

$$\frac{\partial \rho_{12}(x,y,t)}{\partial t} = D\left(\frac{\partial^2}{\partial x^2}+\frac{\partial^2}{\partial y^2}\right)\rho_{12}(x,y,t) \tag{6.2.7}$$

其中，D 是扩散系数。显然，式（6.2.7）与图像在 z 方向上的传播无关，既可以描述存储的图像的扩散，也可以描述缓慢传播的图像的扩散。

通过傅里叶变换，可以得到（x_I，y_I）平面上的扩散方程为

$$\frac{\mathrm{d}}{\mathrm{d}t}E_\mathrm{I}(x_\mathrm{I},y_\mathrm{I},t) + \gamma E_\mathrm{I}(x_\mathrm{I},y_\mathrm{I},t) = 0 \tag{6.2.8}$$

其中，$\gamma = \dfrac{D(2\pi)^2(x_\mathrm{I}^2+y_\mathrm{I}^2)}{\lambda^2 f^2}$。式（6.2.8）的解的形式为

$$E_\mathrm{I}^a(x_\mathrm{I},y_\mathrm{I},t_\mathrm{d}) = \left[E_\mathrm{p}^1(-x_\mathrm{I},-y_\mathrm{I})+E_\mathrm{p}^2(-x_\mathrm{I},-y_\mathrm{I})\right]\exp(-\gamma t_\mathrm{d})$$
$$E_\mathrm{I}^s(x_\mathrm{I},y_\mathrm{I},t_\mathrm{d}) = \left[E_\mathrm{p}^1(-x_\mathrm{I},-y_\mathrm{I})+E_\mathrm{p}^2(-x_\mathrm{I},-y_\mathrm{I})\exp(-\alpha+\mathrm{i}\varPhi)\right]\exp(-\gamma t_\mathrm{d}) \tag{6.2.9}$$

其中，t_d 表示整个演化过程的时间，$E_\mathrm{I}^{a(s)}(x_\mathrm{I},y_\mathrm{I},t)$ 表示图像加法器（减法器）在平面（x_I，y_I）的成像振幅。从式（6.2.9）可知，成像相对于 mask$_1$ 和 mask$_2$ 是倒立的，相位信息得到了保留。成像的振幅随时间指数衰减，图像边缘的振幅的衰减速度比中心快。

图 6.16 给出了两个 mask 和图像加法器在（x_I，y_I）平面上的成像。其中，$D=1.0\,\mathrm{cm}^2/\mathrm{s}$，$f=30\,\mathrm{cm}$，$\lambda=800\,\mathrm{nm}$，成像大小为 $2\,\mathrm{mm}\times2\,\mathrm{mm}$。图 6.17 给出了两个

mask 和图像减法器在（$x_{\mathrm{I}}, y_{\mathrm{I}}$）平面上的成像。其中，$D = 1.0\,\mathrm{cm}^2/\mathrm{s}$，$f = 30\,\mathrm{cm}$，$\lambda = 800\,\mathrm{nm}$，$t_{\mathrm{m}} = 0.5\,\mu\mathrm{s}$，$\Omega_{\mathrm{m}} = 15\,\mathrm{MHz}$，$\Delta_{\mathrm{m}} = -8.95\,\mathrm{MHz}$，成像大小为 $2\,\mathrm{mm} \times 2\,\mathrm{mm}$。通过控制光场的拉比频率和分束器 BS 的分束比，可以实现两个 mask 的加权的加法器和减法器。图像加法器和减法器具有相同的特性：成像的边缘不会移动，但强度会下降。

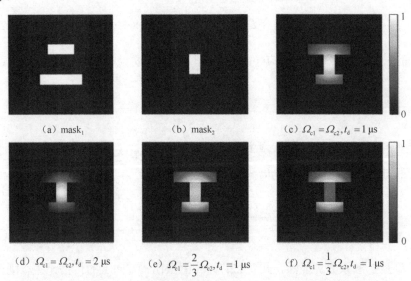

（a）mask$_1$　　　　　（b）mask$_2$　　　　　（c）$\Omega_{\mathrm{c}1} = \Omega_{\mathrm{c}2}, t_{\mathrm{d}} = 1\,\mu\mathrm{s}$

（d）$\Omega_{\mathrm{c}1} = \Omega_{\mathrm{c}2}, t_{\mathrm{d}} = 2\,\mu\mathrm{s}$　　（e）$\Omega_{\mathrm{c}1} = \dfrac{2}{3}\Omega_{\mathrm{c}2}, t_{\mathrm{d}} = 1\,\mu\mathrm{s}$　　（f）$\Omega_{\mathrm{c}1} = \dfrac{1}{3}\Omega_{\mathrm{c}2}, t_{\mathrm{d}} = 1\,\mu\mathrm{s}$

图 6.16　两个 mask 和图像加法器在（$x_{\mathrm{I}}, y_{\mathrm{I}}$）平面上的成像

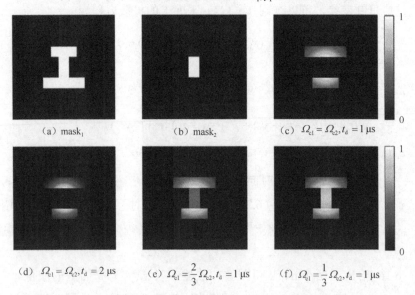

（a）mask$_1$　　　　　（b）mask$_2$　　　　　（c）$\Omega_{\mathrm{c}1} = \Omega_{\mathrm{c}2}, t_{\mathrm{d}} = 1\,\mu\mathrm{s}$

（d）$\Omega_{\mathrm{c}1} = \Omega_{\mathrm{c}2}, t_{\mathrm{d}} = 2\,\mu\mathrm{s}$　　（e）$\Omega_{\mathrm{c}1} = \dfrac{2}{3}\Omega_{\mathrm{c}2}, t_{\mathrm{d}} = 1\,\mu\mathrm{s}$　　（f）$\Omega_{\mathrm{c}1} = \dfrac{1}{3}\Omega_{\mathrm{c}2}, t_{\mathrm{d}} = 1\,\mu\mathrm{s}$

图 6.17　两个 mask 和图像减法器在（$x_{\mathrm{I}}, y_{\mathrm{I}}$）平面上的成像

为了定量地描述原子自旋相干 ρ_{12} 在扩散效应下的演化，定义图像加法器和减法器的保真度为

$$\eta^{a(s)} = \frac{\iint E_{\mathrm{I}}^{a(s)}(x_{\mathrm{I}}, y_{\mathrm{I}}, t)\mathrm{d}x_{\mathrm{I}}\mathrm{d}y_{\mathrm{I}}}{\iint E_{\mathrm{I}}^{a(s)}(x_{\mathrm{I}}, y_{\mathrm{I}}, 0)\mathrm{d}x_{\mathrm{I}}\mathrm{d}y_{\mathrm{I}}} \times 100\%$$

（6.2.10）

其中，$E_{\mathrm{I}}^{a(s)}(x_{\mathrm{I}}, y_{\mathrm{I}}, 0)$ 表示不考虑原子扩散效应时图像加法器（减法器）在（$x_{\mathrm{I}}, y_{\mathrm{I}}$）平面的成像振幅。图 6.18 给出了图像加法器的保真度 η^{a} 随原子与光场相互作用时间 t 的变化曲线。从图 6.18 中可以看出，随着相互作用时间 t 的增大，保真度 η^{a} 逐渐减小；扩散系数 D 越大，保真度 η^{a} 下降得越快。

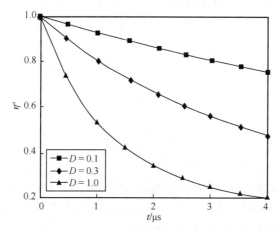

图 6.18　图像加法器保真度 η^{a} 随相互作用时间 t 的变化关系

6.3　本章小结

本章根据光信息的存储与提取提出了几个光子器件模型。

（1）基于双三脚架型原子系统设计了一个全光分束器。由于在存储期间引入的微波场与原子自旋相干之间的相长或相消干涉，可以以可控的方式高保真地放大或减小产生的静态光脉冲和提取的探测光场。通过对控制光场和微波场灵活方便的操作，可将一束高维探测光场可控地分成两束或多束探测光场，制备可调谐的全光分束器。

（2）提出了一个有效产生静态光脉冲和构建全光偏振分束器的模型。由于微波场与原子自旋相干的相长或相消干涉，不仅可以以可控的方式对产生的静态光脉冲和提取的信号光进行放大或减弱，而且左圆和右圆偏振信号光场的分束比可以方便、灵活地在一个很大范围内连续调控。另外，可实现对入射的信号光场存储时间、频率、偏振态的调控。

（3）根据 EIT 效应的二维图像的存储，基于双 Λ 型四能级原子系统提出了图像加法器和减法器。图像加法器是通过在原子介质中直接存储两幅图像来实现的，而图像减法器是在图像加法器的基础上，在一束信号光场中引入相移 π 来实现的。结果表明，该方案通过灵活方便地控制分束器的分束比和控制光场的拉比频率，能够实现两幅图像的加权加法器和减法器。原子扩散会导致成像强度下降，但不会影响成像的形状。该方案可推广到多幅二维图像加法器和图像减法器。

上述方案在全光信息处理和一些基础量子物理测试等领域可能具有重要的应用价值。

参考文献

[1] POST E J. Sagnac effect[J]. Reviews of Modern Physics, 1967, 39(2): 475-493.

[2] YURKE B, MCCALL S L, KLAUDER J R. SU(2) and SU(1, 1) interferometers[J]. Physical Review A, General Physics, 1986, 33(6): 4033-4054.

[3] PAN J W, CHEN Z B, LU C Y, et al. Multiphoton entanglement and interferometry[J]. Reviews of Modern Physics, 2012, 84(2): 777-838.

[4] BROWN R H, TWISS R Q. Correlation between photons in two coherent beams of light[J]. Nature, 1956, 177(4497): 27-29.

[5] HONG C K, OU Z Y, MANDEL L. Measurement of subpicosecond time intervals between two photons by interference[J]. Physical Review Letters, 1987, 59(18): 2044-2046.

[6] CHEBEN P, HALIR R, SCHMID J H, et al. Subwavelength integrated photonics[J]. Nature, 2018, 560(7720): 565-572.

[7] REIM K F, NUNN J, JIN X M, et al. Multipulse addressing of a Raman quantum memory: configurable beam splitting and efficient readout[J]. Physical Review Letters, 2012: doi.org/10.1103/PhysRevLett.108.263602.

[8] PARK K K, ZHAO T M, LEE J C, et al. Coherent and dynamic beam splitting based on light storage in cold atoms[J]. Scientific Reports, 2016: doi.org/10.1038/srep34279.

[9]　XIAO Y H, KLEIN M, HOHENSEE M, et al. Slow light beam splitter[J]. Physical Review Letters, 2008: doi.org/10.1103/PhysRevLett.101.043601.

[10]　SIO L D, TEDESCO A, TABIRIAN N, et al. Optically controlled holographic beam splitter[J]. Applied Physics Letters, 2010: doi.org/10.1063/1.3513289.

[11]　FLEISCHHAUER M, LUKIN M D. Dark-state polaritons in electromagnetically induced transparency[J]. Physical Review Letters, 2000, 84(22): 5094-5097.